身につく

F. B. S.
ファースト
ブック
STEP

入門
統計学

向後千春・冨永敦子 著

技術評論社

本書の登場人物

スミレ

カフェ・バリアンス本社社員。風ノ宮の売上報告書の内容がひどいため、統計学を使用したまとめ方の指導に本社から派遣された。

高田店長

カフェ・バリアンス風ノ宮店店長。数字やパソコンが苦手。褒められると伸びるタイプだが、基本的になまけ者でお調子者。

この本は、統計学のいちばん入り口の「超入門書」として書きました。現代は、どんな領域であっても、量的なデータを取り、それを分析した結果を土台としてプロジェクトや研究を進めていきます。そこでは、データを整理して、分析結果を読み取っていく能力が求められています。この本は、統計学の最初の一歩として、目的のためにどのようなデータを集め、それをどのように整理して、分析結果をどのように読み取ればいいのかという能力を読者のみなさんにつけてもらえるように書きました。

　気軽にデータ分析の第一歩を踏み出してもらえるように、この本は具体的な問題設定と、マンガで進んでいくストーリーによって構成してあります。具体的なデータを使って、実際に手を動かしながら学習を進めていけば、着実に理解が深まっていくと思います。詳しい理論は後回しにして、まずはデータを触りながら考えていくことによって、データ分析の全体の流れを身につけていただきたいと思います。

　この本で、データを分析することや統計学のおもしろさを感じ取っていただけたら、次の本として、同じ著者の『統計学がわかる』と『統計学がわかる【回帰分析・因子分析編】』の2冊を手に取っていただけたらと思います。この2冊は、この次のステップの統計学を、本書と同様に、具体的な問題とストーリーでわかりやすく習得できるように書いてあります。

　では、カフェで繰り広げられるストーリーとともに、統計学のはじめの一歩を踏み出しましょう。きっと統計学と仲良くなれると思いますよ。

2016年3月　　**向後千春　冨永敦子**

Contents

第1章 なぜ統計学を学ぶの？
―統計学の意味と必要性―

1.1 そもそも統計学って何？ 何の役に立つの？ ── 16
  統計学って何だろう ── 16
1.2 表計算ソフトで商品データ表を作ってみよう ── 18
  表計算ソフトとは ── 18
  基本的な計算方法を覚えよう ── 18

第2章 データの分布を知る
―度数分布表とヒストグラム―

2.1 まずは度数分布表を作ろう ── 34
  品物点数の度数分布表を作ろう ── 34
  最小値・最大値・件数はいくつ？ ── 36
  関数を指定してみよう ── 38
  関数をコピーしてみよう ── 41
  品物点数を数えよう ── 43
2.2 範囲のある度数分布表を作ろう ── 49
  購入金額の度数分布表を作ろう ── 49
2.3 ヒストグラムを作ろう ── 55
  品物点数のヒストグラムを作ろう ── 55
  購入金額のヒストグラムを作ろう ── 60
  やってみよう！ 練習問題 ── 69

第3章 平均と分散を見る
―分散と標準偏差の計算―

3.1 データの散らばり具合を考えよう ── 76
  分散とは ── 76

3.2 平均と分散を計算してみよう ──────── 78
　　　平均と分散の関数を指定しよう ──────── 78
　　　小数点以下第2位までの表示にしよう ──────── 79
3.3 標準偏差を計算してみよう ──────── 83
　　　標準偏差は分散の"兄弟" ──────── 83
　　　標準偏差はいくつ？ ──────── 85
　　　平均±1SDのエリアに何人いるの？ ──────── 87
　　　平均±1SDをヒストグラムで確認しよう ──────── 93
　　　やってみよう！　練習問題 ──────── 99

第4章 度数を比較する
─直接確率検定─

4.1 男性客と女性客、どちらが多いの？
　　　─検定の考え方 ──────── 104
　　　検定って何？ ──────── 104
　　　検定の手続きを知ろう ──────── 106
4.2 検定をやってみよう ──────── 110
　　　js-STARを動かしてみよう ──────── 110
　　　やってみよう！　練習問題 ──────── 116

第5章 平均を比較する
─効果量の計算─

5.1 棒グラフで差を見てみよう ──────── 122
　　　性別ごとに平均・標準偏差を計算しよう ──────── 122
　　　平均のグラフを描こう ──────── 126
5.2 効果量を計算しよう ──────── 130
　　　効果量で平均の差を評価しよう ──────── 130
　　　やってみよう！　練習問題 ──────── 138

Contents

第6章 関係を見る
—散布図と相関係数の計算—

6.1 散布図を作ろう —— 144
　年齢と客単価の散布図を作ろう —— 144
6.2 年齢と客単価の関係を読み取ろう —— 150
　散布図から何がわかる？ —— 150
6.3 相関係数を求めよう —— 152
　相関の強さを知ろう —— 152
　やってみよう！　練習問題 —— 161

第7章 変化を見る
—時系列グラフと検定、効果量の復習—

7.1 客数の変化を見てみよう —— 168
　時系列の変化をグラフで示そう —— 168
　直接確率検定を使って人数の違いを調べよう —— 173
7.2 客単価の変化を見てみよう —— 177
　客単価の平均と標準偏差を求めよう —— 177
　平均の変化を折れ線グラフで確認しよう —— 179
　効果量を使って平均に違いがあるのかを調べよう —— 181
　やってみよう！　練習問題 —— 186

●解答と解説 —— 200
●索引 —— 206

本書で使用しているサンプルファイルおよび練習問題のファイルは、以下のURLのサポートページからダウンロードできます。ダウンロードしたときは圧縮ファイルの状態なので、展開してから使用してください。

http://gihyo.jp/book/2016/978-4-7741-8003-8/support

第1章

なぜ統計学を学ぶの？
―統計学の意味と必要性―

MENU

1.1 そもそも統計学って何？
何の役に立つの？
1.2 表計算ソフトで
商品データ表を作ってみよう

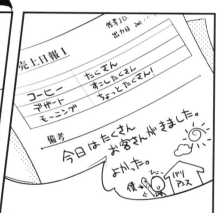

1.1 そもそも統計学って何？何の役に立つの？

❖統計学って何だろう

　統計学というとなんだか難しそうに感じる人が多いようです。しかし、統計学は私たちの身の回りで案外役に立つものなのです。統計学の手法を使って数値データを分析することにより、あいまいな事柄に科学的な説得力をもたせることができます。

　身近な例で説明しましょう。ここに、清涼飲料水の新商品と従来商品があります。

　この商品を開発した会社は、新商品が従来商品よりもおいしいということを主張したい。そこで、10人のモニターを呼んで目隠しテストを行いました。どちらが新商品なのかを教えずに、両方を飲んでもらって、おいしいと思うほうを選んでもらうというテストです。

図1.1　清涼飲料水の新商品と従来商品

テストの結果、新商品をおいしいと言った人が5人、従来商品をおいしいと言った人が5人だったとします。5対5です。これでは、新商品のほうがおいしいとは言えないですね。

　でも、新商品6人、従来商品4人だとしたらどうでしょう？　従来商品よりも新商品のほうがおいしいと言った人が多いです。でも、その差はわずか2人。残念ながら新商品のほうが抜群においしいとは言いにくいです。

　では、7対3ならばどうでしょう？　これは2倍以上の差がついています。

　さらに、8対2ならばどうですか？　これならば、新商品のほうが圧倒的においしいという感じがしますね。

　しかし、たかだか10人です。10人に聞いてみただけです。もしかしたら、たまたま8対2になっただけなのかもしれません。本当に新商品のほうが圧倒的においしいと言えるのか……とても迷います。

　このように、調査や実験を行い収集した数値データについて、それが偶然の結果なのか、それともきちんとした意味のある結果なのかを判断するのが統計学です。

　統計学を使って数値データを分析すると、「これは偶然の結果です。新商品と従来商品には有意な差はありません」とか、「これは有意な差です。従来商品よりも新商品をおいしいという人が多かったです」などと自信をもって言えるようになります。

　……と言われてもあまりピンとこないかもしれませんね。そういうものだと思います。ここであきらめずに本書を読み進めてみてください。具体的な例を読むうちに「なるほど～」とわかるようになると思います。

1.2 表計算ソフトで商品データ表を作ってみよう

❖表計算ソフトとは

　統計学では、**表計算ソフト**や統計ソフトを使って数値データを分析します。本書では表計算ソフトを利用します。表計算ソフトには、以下のものがあります。

・Microsoft Excel（マイクロソフト社の製品）
・三四郎（ジャストシステム社の製品）
・Numbers（アップル社の製品）
・Apache OpenOffice（フリーソフト）
・LibreOffice（フリーソフト）
・Googleスプレッドシート（Web上で使えるソフト）　　など

　どのソフトもほぼ同じ機能をもっています。本書では、Windows版の**Microsoft Excel 2016**を使って解説します。

❖基本的な操作方法を覚えよう

　統計学を学ぶ前に、表計算ソフトの基本的な操作に慣れましょう。すでに、表計算ソフトを使える方は第2章に進んでください。
　ここでは表1.1のような商品データの数値を、表計算ソフトを使って分析できるようなデータの形に整えていきます。
　最初にセルにデータを入力しましょう。セルとは、一つひとつのマス目のことです。A列1行目のセルをA1セルと呼びます。

商品コード	商品名	サイズ	数量
HD001	コーヒー	S	64
HD002	コーヒー	M	42
HD003	カフェラテ	S	48
HD004	カフェラテ	M	54
HD005	カプチーノ	S	34
HD006	カプチーノ	M	23
ID001	アイスコーヒー	S	4
ID002	アイスコーヒー	M	3
ID003	アイスカフェラテ	S	5
ID004	アイスカフェラテ	M	7
ID005	オレンジジュース	S	18
ID006	オレンジジュース	M	8
FD001	チーズ&コンビーフサンド		18
FD002	チーズ&スモークサーモンサンド		12
FD003	シュリンプサンド		19
FD004	ホットドッグ		28
FD005	ショートケーキ		8
FD006	チーズケーキ		8

🍵 表1.1 🍵 商品データ

▶ セルにデータを入力する

❶ データを入力したいセルに太い枠を移動します。ここでは A1 セルに移動します。

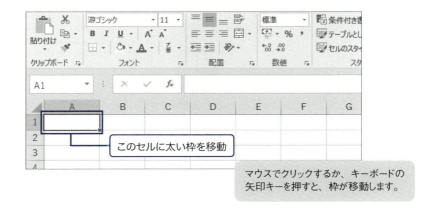

このセルに太い枠を移動

マウスでクリックするか、キーボードの矢印キーを押すと、枠が移動します。

❷ A1 セルに「商品コード」と入力します。このとき半角英数が入力されてしまう場合は、日本語入力モードに切り替えましょう。

❸ Enter キーを押すと、入力が完了します。

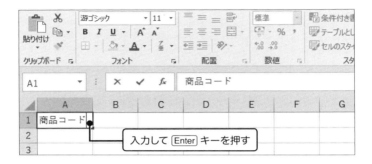

入力して Enter キーを押す

Enter キーを押さないと、入力が完了しないので注意しましょう。

❹ [数量] のような数値は半角で入力します。全角で入力しても自動的に半角になります。また、数値はセルの右端に表示されます。

数値は右端に表示される

▶ 列幅を変更する

❶ ここでは、B列の[商品名]の列幅を広げます。列名の[B]と[C]の境界線にマウスを移動します。境界線にマウスがきちんと合うと、マウスポインタが ✥ の形に変わることが確認できます。

	A	B	C	D	E	F	G
1	商品コード	商品名	サイズ				
2	HD001	コーヒー	S				
3	HD002	コーヒー	M	42			
4	HD003	カフェラテ	S	48			
5	HD004	カフェラテ	M	54			

境界線で形が変わる

❷ 境界線を右側にドラッグすると、列幅が広がります。

	A	B	C	D
1	商品コード	商品名	サイズ	数量
2	HD001	コーヒー	S	64
3	HD002	コーヒー	M	42
4	HD003	カフェラテ	S	48
5	HD004	カフェラテ	M	54

ドラッグする

▶ 文字をセルの中央に表示させる

見出しはセルの中央に表示させると、見栄えが良くなります。

❶ [商品コード]から[数量]までのセルをドラッグして選択します。

	A	B	C	D
1	商品コード	商品名	サイズ	数量
2	HD001	コーヒー	S	64
3	HD002	コーヒー	M	42
4	HD003	カフェラテ		48
5	HD004	カフェラテ		54

ドラッグして範囲選択する

❷ [ホーム] タブの [配置] にある [中央揃え] ボタン ≡ をクリックします。

❸ 見出しがセルの中央に表示されます。

▶ 罫線を引く

❶ 罫線を引きたいセルをドラッグして選択します。ここでは、A1 セルから D19 セルに向かってドラッグしています。

❷［ホーム］タブの［フォント］にある[罫線]ボタン の▼をクリックし、表示されるメニューの[格子]をクリックします。

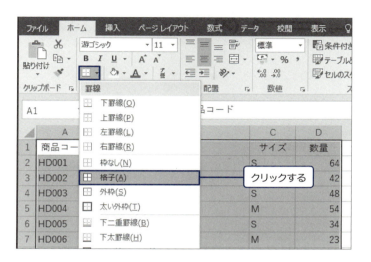

❸選択したセルに罫線が引かれます。

	A	B	C	D
1	商品コード	商品名	サイズ	数量
2	HD001	コーヒー	S	64
3	HD002	コーヒー	M	42
4	HD003	カフェラテ	S	48
5	HD004	カフェラテ	M	54
6	HD005	カプチーノ	S	34
14	FD001			
15	FD002	チーズ＆スモークサーモンサンド		12
16	FD003	シュリンプサンド		19
17	FD004	ホットドッグ		28
18	FD005	ショートケーキ		8
19	FD006	チーズケーキ		8
20				

▶ 見出し行を固定表示する

　行数が多い表をスクロールすると、見出し行が見えなくなり、何のデータかわからなくなります（図1.2）。統計では100件以上のデータを扱うことも多いので、これでは困ります。スクロールしても、見出し行が常に表示されるようにしましょう。

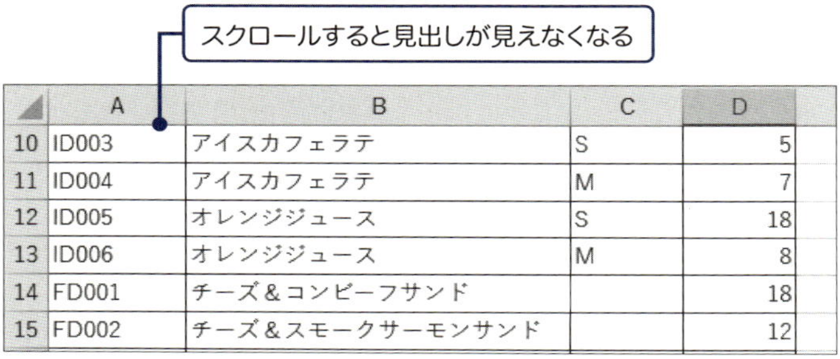

図1.2 **見出しが見えなくなってしまう例**

❶ ［表示］タブをクリックしてタブを切り替えます。

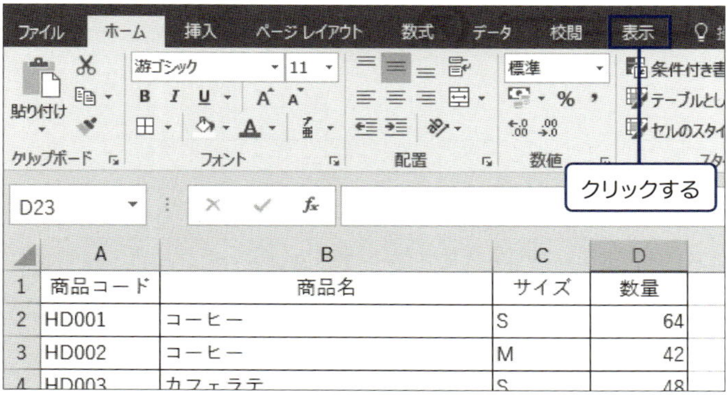

❷ [ウィンドウ枠の固定] をクリックして表示される、[先頭行の固定] をクリックします。

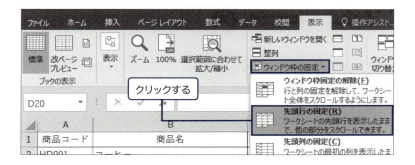

❸ スクロールしても見出しは常に表示されるようになります。

	A	B	C	D
1	商品コード	商品名	サイズ	数量
10	ID003	アイスカフェラテ	S	5
11	ID004	アイスカフェラテ	M	7
12	ID005	オレンジジュース	S	18
13	ID006	オレンジジュース	M	8

スクロールしても見出しが表示されている

▶ シート名を付ける

　スプレッドシートには、複数のシートを作成できます。何のシートかわかるように名前を付けましょう。

❶ ウィンドウ下の ［Sheet1］ を右クリックします。

17	FD004	ホットドッグ		28
18	FD005	ショートケーキ		8
19	FD006	チーズケーキ		8
20				

右クリックする

Sheet1

❷表示されるメニューから [名前の変更] をクリックします。

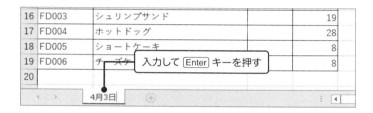

❸シート名を入力し（ここでは「4月3日」とします）、Enterキーを押します。

❹シート名が表示されます。

▶ ファイル名を付けて保存する

データが完成したら、ファイル名を付けて保存しましょう。

❶ ［ファイル］タブをクリックします。

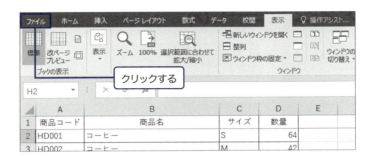

❷ ［名前を付けて保存］をクリックします。

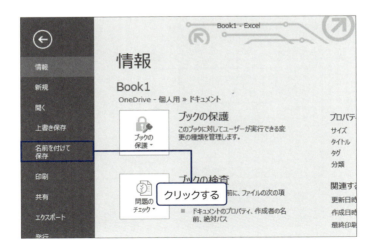

❸保存先を指定します。ここではデスクトップを指定します。[このPC]をクリックし、続けて[デスクトップ]をクリックします。

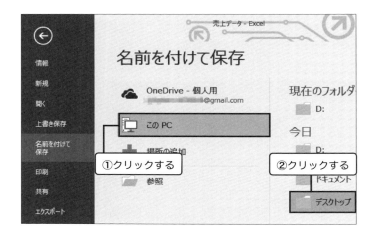

❹ファイル名「売上データ」を入力し、[保存]をクリックします。

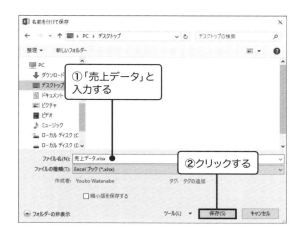

これでファイルが保存されました。

1.2 表計算ソフトで商品データ表を作ってみよう　29

第1章　なぜ統計学を学ぶの？ ──統計学の意味と必要性──

▼CHECK！

　この章で学んだ内容です。あなたの自信度を3段階（1.自信ない、2.やや自信あり、3.自信あり）でチェックしてみましょう。

・表計算ソフトの「A1セル」とは何かがわかる
　　　………………………………………………… 1　　2　　3
・表計算ソフトに文字や数値を入力できる
　　　………………………………………………… 1　　2　　3
・ちょうど良い列幅に変更できる
　　　………………………………………………… 1　　2　　3
・文字をセルの中央に表示できる
　　　………………………………………………… 1　　2　　3
・表の下方向にスクロールしても、見出し行を常に表示させておくことができる
　　　………………………………………………… 1　　2　　3
・シート名を付けることができる
　　　………………………………………………… 1　　2　　3
・作成した表をファイルとして保存できる
　　　………………………………………………… 1　　2　　3

第2章

データの分布を知る
―度数分布表とヒストグラム―

MENU

2.1 まずは度数分布表を作ろう
2.2 範囲のある度数分布表を作ろう
2.3 ヒストグラムを作ろう

2.1 まずは度数分布表を作ろう

❖品物点数の度数分布表を作ろう

高田店長がまとめていたのは、お客様が購入した品物の点数と購入金額の一覧（表2.1）です。たとえば、客連番1のお客様の「品物点数」は2点、「購入金額」は610円です。つまり、客連番1のお客様は品物を2点購入し、610円支払ったわけです。

このような表の一番上の行に並んでいる項目「品物点数」「購入金額」を**変数（variable）**と呼びます。また、1番目のお客様のデータ、2番目のお客様のデータ、3番目のお客様のデータ……というように、これらのデータを**標本（sample）**と呼びます。

客連番	品物点数	購入金額
1	2	610
2	1	310
3	1	320
4	1	220
5	1	310
6	1	410
7	2	550
8	2	510
9	2	620
10	3	720
11	1	220
12	1	220
13	3	710
14	4	890
15	3	720
16	1	320

表2.1　品物点数と購入金額一覧

なんで私がデータ分析するはめに……ブツブツ……うーーん、ほとんどのお客様は1点しか買いませんね。

でも、4点買う人もいるよー。ほら、890円も払う人もいる！お客様の行動は僕みたいにミステリアスで統一性が見えないんだよね……ふっ。

え、えーと、最初に1点しか買わない人が何人、4点買う人が何人とかという形にまとめるとわかりやすいですよ。こういうときは度数分布表を使います。

度数分布表とは、1点買った人が何人、2点買った人が何人……というように、人数を数えて表にしたものです。人数のことを**度数**と呼びます。

品物点数	度数
1	8
2	4
3	3
4	1
合計	16

◆ 表2.2 ◆ 品物点数の度数分布表

購入金額下限（以上）	購入金額上限（未満）	度数
200	300	3
300	400	4
400	500	1
500	600	2
600	700	2
700	800	3
800	900	1
	合計	16

◆ 表2.3 ◆ 購入金額の度数分布表

column 連続データと離散データ

度数分布表にできるデータには、連続データと離散データの2種類があります。

連続データ	離散データ（非連続データ）
途切れることなく連続しているデータ	1、2、3……というように、途切れている非連続のデータ
例： **身長や体重、気温などのデータ** 160cmと161cmの間には、160.00……001と無限の数値が存在しており、途切れることなく連続して続いている	例： **人数や個数などのデータ** 1人と2人の間には、1.00……001人は存在しない

🍃 表2.4 🍃 連続データと離散データの違い

❖最小値・最大値・件数はいくつ？

度数分布表を作成するには、まず品物点数の最小値と最大値を調べないと……。

なんで？ 品物点数1個の人を数えるんでしょ？ 順番に数えればいいだけじゃん。2個の人、3個の人……あれ、何個までいるんだっけ？

そうなんです。最大値がいくつなのかがわからないと、どこまで度数を数えればいいのかがわからないんです。同じように、最小値がわからないといくつから数え始めればいいのかもわかりません。だから、最小値と最大値の両方を調べます。

なるほどね。最小値が1個ならば、1個のときに何人なのかを調べて、次に2個、3個……と順番に調べていって、最大値まで調べればいいんだね。

そのとおりです。ついでに、お客さんの数（標本の件数）も求めておきますね。

えっ？　なんで？　なんで？　度数の合計がお客さんの数でしょ？

検算、つまり計算の結果が正しいかどうかを確かめるためです。計算ミスがあったら大変でしょ？

　店長も納得したようなので、表計算ソフトの関数を使って、品物点数の最小値、最大値、標本の件数を求めてみましょう。

関数入力か……うむ、これはスミレ君の得意分野だねっ！さあ、遠慮せずにバンバン分析してくれたまえ（ささっ）。

こらこら、パソコンの前から逃げない！　基本さえおさえておけば、関数入力って簡単なもんですよ。一緒にやっていきましょう。

❖関数を指定してみよう

度数分布表の作成に入る前に、関数の基本をおさえましょう。

関数とは、表計算ソフトに計算をさせるための命令のようなものです。最小値は **MIN**、最大値は **MAX**、件数は **COUNT** という関数を使って求めることができます。

たとえば、「＝MIN(B2:B17)」は「B2セルからB17セルの中で、最も小さな数値を求めてね」という意味になります。

関数を指定する際の基本ルールは、以下のとおりです。

関数の基本ルール

- 「＝」で必ず始めます。

- 関数名（MINやMAXなどのこと）は半角英字。大文字でも小文字でも入力できます。小文字で入力しても自動的に大文字になります。

- 関数名のあとの「（ ）」には引数を入れます。引数とは、関数に計算させるために与える数値やセル範囲などです。引数に何を指定するかは、関数によって異なります。たとえば、最小値を求めるMIN関数の場合は、最小値を求めたいセル範囲を指定します。

サンプルデータ（第2章サンプルデータ.xlsx）の1枚目のシート「Sheet1」[※] を開いて、さっそく指定してみましょう。手順は次ページのとおりです。

※　Sheet1には、表2.1の客連番、品物点数、購入金額のデータが入力されています。

▶ 最小値、最大値、件数の関数を入力する

❶B19セルに「＝MIN（B2:B17）」、B20セルに「＝MAX（B2:B17）」、B21セルに「＝COUNT（B2:B17）」と入力します。そうすると、計算結果が表示されます。

「＝MIN（B2:B17）」は「B2セルからB17セルの中で最も小さな数値を求めてね」、「＝MAX（B2:B17）」は「B2セルからB17セルの中で最も大きな数値を求めてね」、「＝COUNT（B2:B17）」は「B2セルからB17セルの中で数値が入っているセルの個数を求めてね」という意味です。

おーー！ 一発で計算された！ 最小値は1で、最大値は4なんだね。だけど、もし品物点数の入力を間違えていたら、どうするの？ もう一度、関数を入力するの？

いえ、大丈夫です。再計算してくれますから。

　再計算とは、言葉どおり「再度計算する」ということです。たとえば、客連番1の品物点数「2」が誤っていたとします。本当は「5」だったとします。品物点数を「5」と入力し直します。
　そうすると、自動的に再計算されて、最大値（B20セル）が「5」に変更されます。

🌱 図2.1 🌱 再計算のしくみ

ほぅ便利だねぇ。これなら入力ミスしても平気だね。

店長は入力ミスが多すぎます。もっと気をつけてくださいっ！

❖関数をコピーしてみよう

　入力した関数はコピーできます。品物点数の最小値、最大値、件数の関数を、購入金額の欄にコピーしてみましょう。

▶ 品物点数の関数を購入金額にコピーする

❶ B19 セルから B21 セルまでをドラッグして選択し、右クリックします。表示されるメニューから［コピー］ボタンをクリックします。

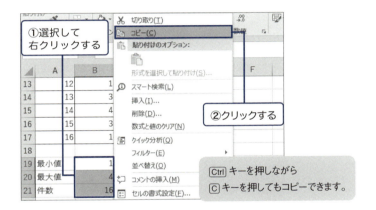

❷ 貼り付け先の C19 セルに太枠を移動し、右クリックして［貼り付け］ボタンをクリックします。そうすると、結果が表示されます。

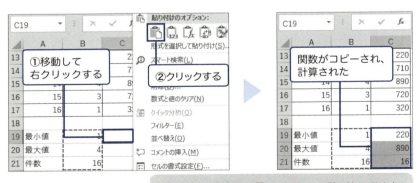

関数をコピーすると、貼り付け先に合わせてセルの参照先が自動的に変わります。たとえば、B19セルに入力した「＝MIN(B2:B17)」は、C19セルにコピーされると、「＝MIN(C2:C17)」に変わり、購入金額の最小値を求める関数になります。

●図2.2● 貼り付け先に合わせて関数も変化する

こんなふうに、貼り付け先に合わせてセルの参照先が自動的に変わるのを相対参照って言うんですよ。

なるほど、相対参照！　その場に合わせて柔軟に対応できるなんて僕みたいだ！

は、はぁ。

❖品物点数を数えよう

　品物点数の最小値、最大値、件数がわかったところで、いよいよ度数分布表の作成に入ります。

　度数分布表は **COUNTIF** という関数を使って作成します。COUNTIFは特定の文字や数値の数をカウントする関数です。

　サンプルデータ（第2章サンプルデータ.xlsx）の2枚目のシート「Sheet2」※を開いて、さっそく作成していきましょう。手順は以下のとおりです。

▶ 品物点数の数を数える

❶品物点数の最小値は1、最大値は4だったので、E2セルからE5セルには、1〜4を入力します。
❷F2セルに「＝COUNTIF（B2:B17, E2）」と入力します。

	A	B	C	D	E	F	G	H
1	客連番	品物点数	購入金額			度数		
2	1	2	610		1	=COUNTIF(B2:B17,E2)		
3	2	1	310		2			
4	3	1	320		3			
5	4	1	220		4			
6	5							
7	6							
8	7							
9	8	2	510					
10	9	2	620					

「＝COUNTIF（B2:B17, E2）」と入力する

　「＝COUNTIF（B2:B17, E2）」は「B2セルからB17セルの中で、E2セルと同じ内容のセルの個数を求めてね」という意味です。E2セルには「1」が入力されているので、「1」の個数を数えてくれます。

※　Sheet2には、Sheet1で行った入力に加え、これから入力する項目のセルが設けられています。

❸F2セルに「8」と計算結果が表示されます。

	A	B	C	D	E	F
1	客連番	品物点数	購入金額			度数
2	1	2	610		1	8
3	2	1	310		2	
4	3	1	320		3	
5	4	1	220		4	
6	5	1	310			

　つまり、B2セルからB17セルの中で、「1」が入力されているセルは8個というわけです。

1点しか買わない人は16人中8人か……うーん。じゃあ2点買う人は？　さっきみたいに関数をピャーーッとコピーしてよ。

ここでは、ピャーーッとコピーできないんですよ。

えーーー！　なんで？

　ピャーとコピーできないのは、セル範囲がずれてしまうからなんです。さっき入力したF2セルの「＝COUNTIF(B2:B17, E2)」をコピーして、F3〜F5セルをドラッグして選択し、貼り付けると……(コピーと貼り付けの操作を忘れた方は41ページを参照してください)。

2.1 まずは度数分布表を作ろう

	A	B	C	D	E	F	G	H
1	客連番	品物点数	購入金額			度数		
2	1	2	610		1	8		
3	2	1	310		2	3		
4	3	1	320		3	3		
5	4	1	220		4	2		
6	5	1	310					
7	6	1	410		合計		正しい？	
8	7	2	550					

図2.3 関数をコピーして貼り付けた結果

なんだかおかしいですね。

実は、セル範囲のB2:B17が以下のようにB3:B18、B4:B19、B5:B20とずれてしまうからなんですね。これでは正しい結果になりません。

	A	B	C	D	E	F
1	客連番	品物点数	購入金額			度数
2	1	2	610		1	=COUNTIF(B2:B17,E2)
3	2	1	310		2	=COUNTIF(B3:B18,E3)
4	3	1	320		3	=COUNTIF(B4:B19,E4)
5	4	1	220		4	=COUNTIF(B5:B20,E5)
6	5	1	310			
7	6	1	410		合計	
8	7	2	550			
9	8	2	510			
10	9	2	620			
11	10	3	720			
12	11	1	220			セル範囲がずれている
13	12	1	220			
14	13	3	710			
15	14	4	890			
16	15	3	720			
17	16	1	320			
18						
19	最小値	=MIN(B2:B17)	=MIN(C2:C17)			
20	最大値	=MAX(B2:B17)	=MAX(C2:C17)			
21	件数	=COUNT(B2:B17)	=COUNT(C2:C17)			

図2.4 参照先がずれている

コピーしても範囲がずれないようにするには、**絶対参照**という方法を使います。やり方は簡単です。セル名の前に$マークを入れるだけです。

▶ 絶対参照を使ってコピーする

❶ F2セルに「＝COUNTIF($B$2:$B$17, E2)」と入力します。

❷ F2セルの関数をコピーします。F3〜F5セルをドラッグして選択し、貼り付けます。そうすると、計算結果が表示されます。

　今度は正しく計算されました。F3セルには「＝COUNTIF($B$2:$B$17, E3)」という関数が貼り付けられます。$マークを入れた「B2:B17」は、コピーしても変更されません。

絶対参照！　どんな状況になっても変わらない！
まるで男らしいボクみたいだ。ね、スミレ君☆

えぇぇっ!?　イイとこどりですか？

品物点数それぞれの度数が出たので、合計した値も出しましょう。

▶ **品物点数の合計を求める**

❶ F7セルに合計を求める関数「＝SUM(F2:F5)」を入力します。そうすると、計算結果が表示されます。

「＝SUM(F2:F5)」は「F2セルからF5セルまでの合計を求めてね」という意味です。

度数の合計は16。件数と同じなので、計算結果に間違いはないと思います。

ふむふむ、1点買う人は8人、2点が4人、3点が3人、4点買う人はたったの1人か……。お客さんの半分は飲み物しか買わないってこと？ うーーん、もっと買ってほしいなぁ。

 そうですねぇ…。

 あ！ 1点でもすっごーく高いものを買ってくれればいいんじゃない？ 1万円とかさ。購入金額のほうも調べてよ。

 それはまあ、調べますけど……でも、うちには1万円もするような飲み物なんてないですよ。わかってます？

 ……。

　このように、度数を調べるだけでも現状の問題点を見つけ出すことができます。

2.2 範囲のある度数分布表を作ろう

❖購入金額の度数分布表を作ろう

今度は、購入金額を使って度数分布表を作ってみましょう。ここでは、**COUNTIFS**という関数を使います。COUNTIFでは範囲と条件を1つしか指定できませんが、COUNTIFSは範囲と条件を複数指定できます。

= COUNTIFS（範囲A，条件A，範囲B，条件B）

上記の式では、範囲Aと条件A、範囲Bと条件Bがそれぞれ1つのセットです。「範囲Aの中で条件Aに当てはまり、かつ、範囲Bの中で条件Bに当てはまるセルの個数を求めてね」という意味になります。

ここで、サンプルデータ（第2章サンプルデータ.xlsx）の3枚目のシート「Sheet3」※を開いてください。

※　Sheet3には、Sheet1とSheet2で行った入力に加え、購入金額の度数分布表が入力されています。購入金額の最小値は220、最大値は890なので、200円から900円まで100円刻みで範囲が指定されています。

COUNTIFSを使って、Sheet3のJ2セルにどのような式を入力すればよいか考えてみましょう。

A1

	A	B	C
1	客連番	品物点数	購入金額
2	1	2	610
3	2	1	310
4	3	1	320
5	4	1	220
6	5	1	310
7	6	1	410
8	7	2	550
9	8	2	510
10	9	2	620
11	10	3	720
12	11	1	220
13	12	1	220
14	13	3	710
15	14	4	890
16	15	3	720
17	16	1	320
18			
19	最小値	1	220
20	最大値	4	890
21	件数	16	16

H	I	J
購入金額下限(以上)	購入金額上限(未満)	度数
200	300	
300	400	
400	500	
500	600	
600	700	
700	800	
800	900	
	合計	

ここに入る式を考える

図2.5 J2セルに入る式を考える

J2セルには「購入金額が200円以上300円未満の度数」が表示できればよいですね。では、この「購入金額が200円以上300円未満の度数」という人が理解できる言葉を、表計算ソフトが理解できる関数の命令に置き換えていきましょう。次ページのような流れになります。

2.2 範囲のある度数分布表を作ろう

```
=購入金額が200円以上300円未満の度数
```
↓ 購入金額はC2セルからC17セルに入力されています。
範囲をセル名にします。

```
=C12セルからC17セルの中で200円以上、かつ、300円未満のセルの個数
```
↓ COUNTIFSに当てはめます。

```
=COUNTIFS(C2:C17, >=200, C2:C17, <300)
         範囲A, 条件A,  範囲B, 条件B,
```
↓ 下限の200と上限の300をセル名に変更します。
セル名にしておくと、この式をほかにコピーできるので便利です。
200はH2セル、300はI2セルに入力されています。

```
=COUNTIFS(C2:C17, >=H2, C2:C17, <I2)
```
↓ >=などの演算子を「"」(ダブルクオテーション)で囲み、文字データにします。

```
=COUNTIFS(C2:C17, ">="H2, C2:C17, "<"I2)
```
↓ ">="とH2をつなげるために、間に&を入れます。

```
=COUNTIFS(C2:C17, ">="&H2, C2:C17, "<"&I2)
```
↓ この式をJ3〜J5セルにコピーすると、C2:C17の範囲がずれてしまいます。
ずれないようにするために、絶対参照$C$2:$C$17にします。

```
=COUNTIFS($C$2:$C$17,">="&H2,$C$2:$C$17,"<"&I2)
```

◆ 図2.1 ◆　J2セルの内容

はい、これで完成です。表計算ソフトに入力してみましょう。

▶ 購入金額が200円以上300円未満の度数を求める

❶ J2セルに「=COUNTIFS($C$2:$C$17,">="&H2,$C$2:$C$17,"<"&I2)」と入力します。

	A	B	C		I	J	K	L
1	客連番	品物点数	購入金額	金額上限(未満)	度数			
2	1	2	610	300	=COUNTIFS($C$2:$C$17,">="
3	2	1	310	400	"&H2,$C$2:$C$17,"<"&I2)
4	3	1	320	500				
5	4	1	220	600				
6	5	1	310	700				
7	6	1	410	800				
8	7	2	550	900				
9	8	2	510					
10	9	2	620					
11	10	3	720					

「=COUNTIFS($C$2:$C$17,">="&H2,$C$2:$C$17,"<"&I2)」と入力する

「=COUNTIFS($C$2:$C$17,">="&H2,$C$2:$C$17,"<"&I2)」は、「C2セルからC17セルの中でH2セルの内容以上で、かつ、C2セルからC17セルの中でI2セルの内容未満のセルの個数を求めてね」という意味です。H2セルには「200」、I2セルには「300」が入力されているので、つまり、「C2セルからC17セルの中で200以上で、かつ、C2セルからC17セルの中で300未満のセルの個数を求めてね」ということです。

❷ J2セルに、「3」と計算結果が表示されました。

	A	B	購...	I		J
1	客連番	品物点数		(以上)	購入金額上限(未満)	度数
2	1	2		200	300	3
3	2	1		300	400	
4	3	1		400	500	
5	4	1		500	600	
6	5	1		600	700	

C2セルからC17セルの中で、200以上で、かつ、300未満のセルは3個というわけです。

J2セルと同様にJ3～J8セルの値も求めましょう。J2セルの関数は絶対参照で入力しているので、そのままコピーして貼り付けるだけです。

▶ 関数をコピーして貼り付ける

❶ J2セルの関数をコピーし、J3～J8セルに貼り付けます。そうすると、計算結果が表示されます。

それぞれの度数を求めたので、それらを合計した値も求めましょう。

▶ 各度数の合計を求める

❶ J10セルに合計を求める関数「=SUM(J2:J8)」を入力します。そうすると、計算結果が表示されます。

	A	B	C		I	J	K
1	客連番	品物点数	購入金額	(以上)	購入金額上限(未満)	度数	
2	1	2	610	200	300	3	
3	2	1	310	300	400	4	
4	3	1	320	400	500	1	
5	4	1	220	500	600	2	
6	5	1	310	600	700	2	
7	6	1	410	700	800	3	
8	7	2	550	800	900	1	
9	8	2	510				
10	9	2	=SUM(J2:J8)			16	
11	10	3	720				

　合計数は16となります。第1章で求めた件数の合計数や、先ほど求めた品物点数の度数の合計とも一致します。計算結果にまちがいはないようです。

度数分布表によると、一番人数が多いのは、300円以上400円未満で4人か……。一番高額の800円以上900円未満は1人だけなの？　とほほ。

でも、700円以上800円未満は3人いますよ。まあまあなんじゃないですか？（……よくわかんないけど）

だけど、200円以上300円未満だって3人なんだよ。これって、どういうこと？　度数分布表だけでは、どんなふうにデータが分布しているかよくわかんないよぉ～。

ここで登場するのがヒストグラムですよ！

2.3 ヒストグラムを作ろう

❖品物点数のヒストグラムを作ろう

　度数がどのように分布しているかを把握するために、グラフを作成してみましょう。度数の分布を示したグラフを**ヒストグラム**と言います。

あ！　ここで出てくるんだね、ヒストリーグラフとやら。さらに関数を入力しなきゃいけないんだっけ。めんどくさいな～。

店長、「ヒストグラム」ね……。ヒストグラムは、このデータを見やすいようにグラフにしたものですよ。関数を入力する必要はないんです。

　スミレさんの言うとおり、ここからは関数の入力は必要ありません。ただし、グラフを見やすくするための編集知識が多少必要になってきます。
　最初に、品物点数のヒストグラムを作ってみましょう。

▶ 品物点数のヒストグラムを作る

❶ E1 セルから F5 セルまでを範囲選択します。

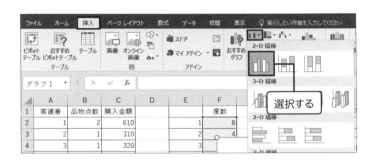

❷ ［挿入］タブの［グラフ］から、[縦棒／横棒グラフの挿入]　→［集合縦棒］を選択します。

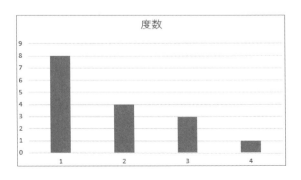

❸ グラフが表示されます。

ここからは、見やすくなるように編集していきます。

▶ グラフタイトルと軸ラベルを編集する

❶「度数」と書かれているところをクリックし、「品物点数の度数」と修正します。

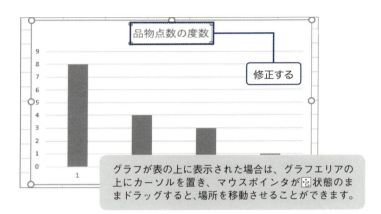

❷［グラフ要素］ ＋ をクリックし、［軸ラベル］にチェックマークを付けます。

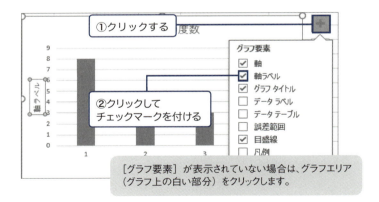

❸横軸に表示された「軸ラベル」をクリックし、「品物点数」に修正します。
❹縦軸に表示された「軸ラベル」をクリックし、「度数」に修正します。

▶ 横目盛線を消す

❶ ［グラフ要素］ ✚ をクリックし、［目盛線］のチェックを外します。

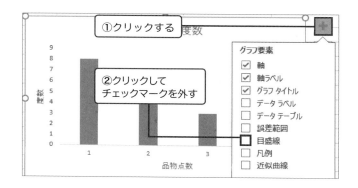

▶ 棒と棒の間隔をなくす

❶ グラフの縦棒を右クリックし、［データ系列の書式設定］を選択します。

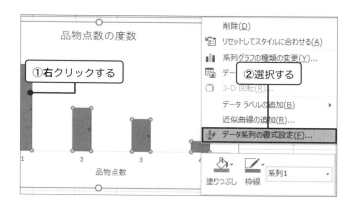

❷［要素の間隔］のバーを左にドラッグして0にし、［閉じる］をクリックします。

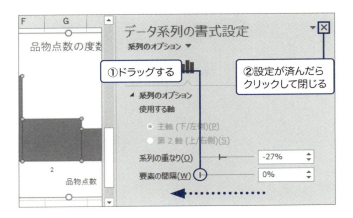

タイトルやラベルが編集され、また、無駄な目盛線や間隔がなくなり、品物点数のヒストグラムが完成しました。

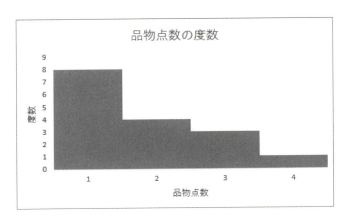

🌿 図2.6 🌿 品物点数のヒストグラム

ヒストグラムをこのように編集することで、より度数の分布を把握しやすくなりますよ。

おおっ、途中まで「ただの棒グラフじゃ～ん」なーんて思ってたけど、急にわかりやすくなったぞ！

グラフを見やすくすることによって問題点もわかりやすくなるんです。だから、計算と同じくらい編集作業も大事なんですよ。

❖購入金額のヒストグラムを作ろう

同様の手順で、購入金額のヒストグラムを作ってみましょう。図2.7が完成図です。どのようにして作っていけばよいのか、店長と一緒に考えてみてください。

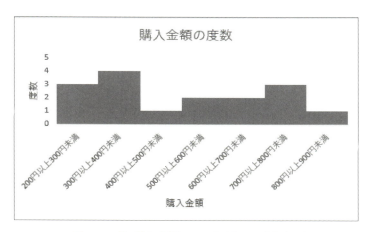

🍃 図2.7 🍃 購入金額のヒストグラム（完成図）

えっと、購入金額の度数はさっき出したよね。あれを使えばいいんでしょ。……でも、そうするとこの図のとおりの横軸が表示できないなあ。

覚えていてくれたんですねっ！（意外！）シンプルに考えていいんです、これはヒストグラムですから……。

もしかして数値はこのままで、横軸表示がこの図のとおりになるヒストグラムを作るっていう考えでいいのかな？

そのとおりです。表を新しく作っちゃいましょう！

　完成図の横軸のように「200円以上300円未満」などの見出しを入れるには、見出しに合った内容の表が必要です。

▶ ヒストグラムのための表を作成する

　Sheet3のL2セルからL8セルには、ヒストグラムの横軸になる見出しが入力されています。最初に、この表のM2セルからM8セルに、52ページで求めた度数（J2〜J9）をコピーして貼り付けましょう。

❶ J2セルからJ8セルをドラッグし、コピーします。

	H	I	J	K	L
1	購入金額下限(以上)	購入金額上限(未満)	度数		
2	200	300	3		200円以上300円未満
3	300	400	4		300円以上400円未満
6		700	2		600円以上700円未満
7	700	800	3		700円以上800円未満
8	800	900	1		800円以上900円未満

❷ M2 セルに太枠を移動し、右クリックして［値］ボタン をクリックします。この例のように、計算結果だけを貼り付けたいときは［値］を指定します。

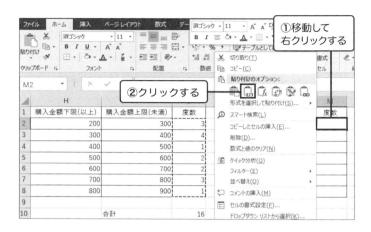

❸ J2 〜 J8 セルの数値がそのまま貼り付けられます。

この表を使って、ヒストグラムを作成していきます。

2.3 ヒストグラムを作ろう / 63

▶ **ヒストグラムを作る**

❶ L1 セルから M8 セルまでをドラッグして範囲選択します。
❷ ［挿入］タブの［グラフ］から、［縦棒/横棒グラフの挿入］ → ［集合縦棒］を選択します。

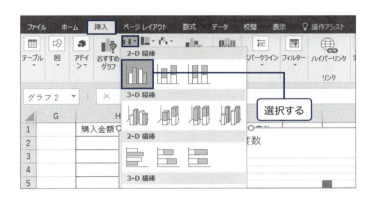

ヒストグラムが見やすくなるように編集します。

▶ **縦軸の最大値・最小値・間隔を変更する**

❶ 縦軸を右クリックし、［軸の書式設定］を選択します。

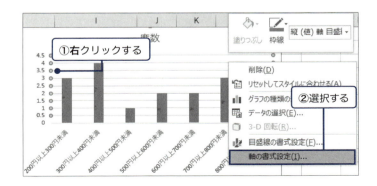

❷ ［軸のオプション］の最小値「0」、最大値「5」、単位の主を「1」に指定し、［閉じる］をクリックします。

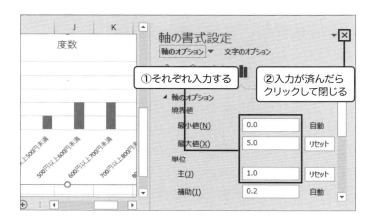

❸ グラフタイトルを「購入金額の度数」に変更します（57 ページ参照）。
❹ ［グラフ要素］ ＋ をクリックし、［軸ラベル］にチェックマークを付け、横軸に表示された「軸ラベル」を「購入金額」に、縦軸に表示された「軸ラベル」を「度数」に修正します（57 ページ参照）。

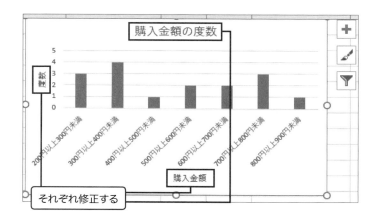

❺横目盛線を消します（58ページ参照）。
❻棒と棒の間隔をなくします（58ページ参照）。
❼ヒストグラムが完成しました。

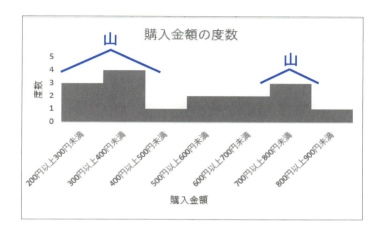

あれ、購入金額のヒストグラムはふた山になっているわ！

それってどういうこと？

ヒストグラムを見ると、購入金額が少ないところと多いところ、その2つに山があるでしょ？　つまり、少額のお客さんも多いけど、金額の多いお客さんも多いってことですよ。こういうお客さんをもっと増やせばいいってことかな。このお店、希望ありますよっ！

POINT

　この章で利用した関数です。これらの関数はデータを分析する際によく利用します。

■MIN関数
ある範囲の中で、最も小さな数値を求める。
形式：MIN(範囲)
例　：MIN(B2:B17)
意味：「B2セルからB17セルの中で、最も小さな数値を求めてね」

■MAX関数
ある範囲の中で、最も大きな数値を求める。
形式：MAX(範囲)
例　：MAX(B2:B17)
意味：「B2セルからB17セルの中で、最も大きな数値を求めてね」

■SUM関数
ある範囲の数値の合計を求める。
形式：SUM(範囲)
例　：SUM(B2:B17)
意味：「B2セルからB17セルの数値の合計を求めてね」

■COUNT関数
ある範囲の中で、数値が入っているセルの個数を求める。
形式：COUNT(範囲)
例　：COUNT(B2:B17)
意味：「B2セルからB17セルの中で、数値が入っているセルの個数を求めてね」

■COUNTIF関数
ある範囲の中で、条件にあうセルの個数を求める。
形式：COUNTIF(範囲, 条件)
例　：COUNTIF(B2:B17, E2)

意味：「B2セルからB17セルの中で、E2セルと同じ内容のセルの個数を求めてね」

■ COUNTIFS関数
ある範囲の中で、条件にあうセルの個数を求める。範囲と条件のセットを複数指定できる。
形式：COUNTIFS(範囲A, 条件A, 範囲B, 条件B, ……)

例　：COUNTIFS(C2:C17,">="&200,C2:C17,"<"&300)
意味：「C2セルからC17セルの中で200以上で、かつ、C2セルからC17セルの中で300未満のセルの個数を求めてね」

例　：COUNTIFS(C2:C17,">="&H2,C2:C17,"<"&I2)
意味：「C2セルからC17セルの中でH2セルの内容以上で、かつ、C2セルからC17セルの中でI2セルの内容未満のセルの個数を求めてね」

▼CHECK！

この章で学んだ内容です。あなたの自信度を3段階（1.自信ない、2.やや自信あり、3.自信あり）でチェックしてみましょう。

・「変数（variable）」、「標本（sample）」とは何かがわかる
　　　……………………………………………………………　1　　2　　3
・表計算ソフトを使って度数分布表を作成できる
　　　……………………………………………………………　1　　2　　3
・表計算ソフトを使って、範囲のある度数分布表を作成できる
　　　……………………………………………………………　1　　2　　3
・度数分布表からヒストグラムを作成できる
　　　……………………………………………………………　1　　2　　3
・度数分布表やヒストグラムからどのようなことが言えるのかがわかる
　　　……………………………………………………………　1　　2　　3

やってみよう！ 練習問題

　本書の各章の練習問題では、18歳から69歳までの男女134人（既婚・未婚を含む）を対象に行ったアンケートのデータを分析します。

▼**本章で使用するデータ：2_子どもの人数・身長.xlsx**

　アンケートの中から、以下の質問項目に対する回答を「2_子どもの人数・身長.xlsx」に抽出しました。

・子どもがいる方は子どもの人数をお答えください。子どもがいない方は
　0とお答えください　　　　　　　　　　　　　　　　　　（　　）人
・身長をお答えください　　　　　　　　　　　　　　　　（　　）cm

	A	B	C	D	E	F
1	連番	子どもの人数	身長(cm)			度数
2	1	1	190		0	
3	2	0	152		1	
4	3	1	160		2	
5	4	1	161		3	
6	5	0	185			
131	130	2	168			
132	131	2	168			
133	132	1	159			
134	133	2	174			
135	134	0	164			
136						
137	最小値					
138	最大値					
139	件数					

◢**図2.8**◢　**2_子どもの人数・身長.xlsx**

> A列「連番」は回答者番号です。134人分が入力されています。

第2章　データの分布を知る ―― 度数分布表とヒストグラム ――

▼練習

① B列「子どもの人数」の度数分布表とヒストグラムを作りましょう。ヒストグラムはどのような分布になっていますか。
② C列「身長」の度数分布表とヒストグラムを作りましょう。ヒストグラムはどのような分布になっていますか。

> **▼HINT**
> ①度数分布表の作り方は34ページ、ヒストグラムの作り方は55ページを参照。
> ②身長は範囲を区切って度数を数える（例：140cm以上150cm未満）。度数分布表の作り方は34ページ、ヒストグラムの作り方は55ページを参照。

解答例：巻末200ページ
解答ファイル：2_練習問題完成.xlsx

第3章

平均と分散を見る
―分散と標準偏差の計算―

MENU

3.1 データの散らばり具合を考えよう
3.2 平均と分散を計算してみよう
3.3 標準偏差を計算してみよう

3.1 データの散らばり具合を考えよう

❖分散とは

データの広がり具合、散らばり具合を示したものを**分散**と言います。なぜ、分散が必要なのでしょうか？

たとえば、表3.1のようなA、B、Cの3つのグループがあったとします。各グループの購入金額の平均はいずれも500円で同じです。

客連番	Aグループ 購入金額	Bグループ 購入金額	Cグループ 購入金額
1	300	500	100
2	400	500	100
3	500	500	100
4	500	500	900
5	600	500	900
6	700	500	900
平均	500	500	500

🫘 表3.1 🫘 A・B・Cグループの購入金額平均

しかし、ヒストグラムにしてみるとどうでしょう。

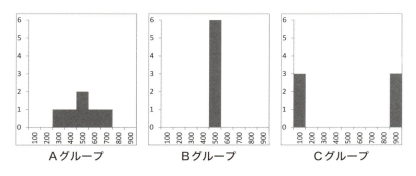

🫘 図3.1 🫘 A・B・Cグループの購入金額のヒストグラム

図3.1のように、データの分布の具合はまったく異なります。平均は同じだけど、分布の具合は違う！　つまり、平均だけではデータの特徴を十分に表しているとは言えません。

そこで、分散の出番です。分散は、データの広がり具合、散らばり具合の指標です。図3.2の左のように、データがギュッと詰まって分布しているのは「分散が小さい」と表現します。右のようにデータがダラダラ〜と広がって分布しているのは「分散が大きい」と表現します。

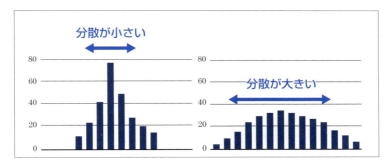

🔵 **図3.2** 🔵　**分散が小さい／大きい**

ちなみに、表3.1のAグループの分散は16666.67、Bグループの分散は0、Cグループの分散は160000.00になります。Bグループは全員500円でまったく散らばっていないので、分散が0になります。

3.2 平均と分散を計算してみよう

❖平均と分散の関数を指定しよう

　表計算ソフトの関数を使って、品物点数および購入金額（34ページ表2.1）の平均、分散を計算してみましょう。平均は **AVERAGE**、分散は **VAR.P** という関数を使って求めることができます。サンプルデータ（第3章サンプルデータ.xlsx）の1枚目のシート「Sheet1」[※]を使用します。

▶ 品物点数の平均と分散を求める

❶ B22セルに「= AVERAGE（B2:B17）」、B23セルに「= VAR.P（B2:B17）」と入力します。そうすると、B22セル、B23セルにそれぞれ計算結果が表示されます。

	A	B	C	D	E	F
1	客連番	品物点数	購入金額		品物点数	度数
2	1	2	610		1	8
3	2	1	310		2	4
4	3	1	320		3	3
5	4	1	220		4	1
6	5	1	310			
7	6	1	410		合計	16
18						
19	最小値	1	220			
20	最大値	4	890		=AVERAGE（B2:B17）	
21	件数	16	16			
22	平均	1.8125				
23	分散	0.902344			=VAR.P（B2:B17）	
24	標準偏差					
25						

※　Sheet1には、表2.1の数値と、第2章で求めた品物点数・購入金額の最大値・最小値・件数が入力されています。

「＝AVERAGE(B2:B17)」は「B2セルからB17セルの数値の平均を求めてね」、「=VAR.P(B2:B17)」は「B2セルからB17セルの数値の分散を求めてね」という意味です。

❖小数点以下第2位までの表示にしよう

品物点数の平均は1.8125で、分散は0.902344……、うーーーん、なーんか数字がいっぱいあるんだけど、こんなに必要なわけ？

平均などは、小数点以下第2位までを報告することが多いようです。

えーーっと、第2位ってことは……第3位が2だから四捨五入すると切り捨てになって……ブツブツブツ。

店長、自分でやらなくてもいいんですよ。……って聞いていないし。

　表計算ソフトでは、小数点以下を第何位まで表示させるかを指定できます。たとえば、小数点以下第2位まで表示させるように指定した場合、第3位が四捨五入されます。

▶ 小数点第2位までの表示にする

❶ B22セルからB23セルまでをドラッグして選択し、［小数点以下の表示桁数を減らす］ボタン を数回クリックします。

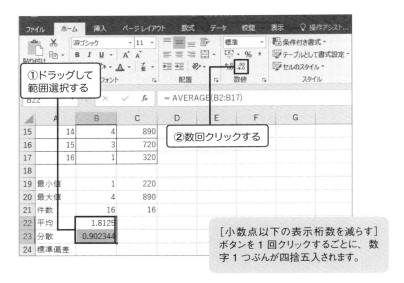

❷ 小数点以下第2位までの表示になりました。

　小数点以下第3位が四捨五入されて、第2位まで表示されました。ただし、あくまでも表示が変わるだけです。

えーーっと、うーーん、1.81だっ！　どやっ！

店長、もうわかってますから。

えーーーー。

同様に、購入金額の平均と分散も求めましょう。

▶ 購入金額の平均と分散を求める

❶ B22 セルから B23 セルの関数をコピーし、C22 セルから C23 セルに貼り付けます。

❷ 購入金額の平均と分散が計算されました。

よし、今度はこの僕が小数点以下桁数を指定してあげようじゃないか。あれ、貼り付けたところは全部小数点以下第2位までになっているよ！

 はい、セルの内容を普通にコピー＆貼り付けするだけで、書式も一緒に貼り付けられるんですよ。

 しょしき？

 たとえば、文字サイズやフォント、文字色、文字位置、罫線などは、セルに指定されている書式です。小数点以下第2位まで表示するというのも書式の1つです。

 書式って見栄えみたいなもんなのね。見栄えは大事よ〜。ふっ、僕もご覧のとおり見栄えにはこだわっていてね……。

 あー店長の見栄えはどうでもいいです（キッパリ！）

3.3 標準偏差を計算してみよう

❖ 標準偏差は分散の"兄弟"

購入金額の分散が43448.44になるということはわかったけれど、これっていいの？ 悪いの？

じゃあ、データの散らばり具合をもう少し調べてみましょうか。標準偏差を使うと、分布の状況を知ることができますよ。

標準偏差もデータの広がり具合、散らばり具合の指標です。分散と標準偏差は"兄弟"みたいなもので、以下の関係が成り立ちます。

$$\sqrt{分散} = 標準偏差$$
$$標準偏差^2 = 分散$$

たとえば、76ページ表3.1のA・B・Cグループの分散と標準偏差は次ページ表3.2のようになります。わかりやすいBグループとCグループを見てみましょう。Bグループは、分散が0.00なので、標準偏差も0.00です。Cグループの分散160000.00の平方根は400.00、標準偏差は400.00になります。

客連番	Aグループ 購入金額	Bグループ 購入金額	Cグループ 購入金額
1	300	500	100
2	400	500	100
3	500	500	100
4	500	500	900
5	600	500	900
6	700	500	900
平均	500	500	500
分散	16666.67	0.00	160000.00
標準偏差	129.10	0.00	400.00

表3.2 A・B・Cグループの購入金額平均・分散・標準偏差

　標準偏差を使うとおもしろいことがわかります。図3.3〜3.5のようなベルのようなつりがね型の分布を**正規分布**と言います。中心の0のところが平均です。

　データがこのようなつりがね型に分布している場合、「平均−標準偏差」から「平均＋標準偏差」のエリアに全体のデータの68％が分布するという性質があります。図3.3でいうと、ブルーの部分に68％が分布しているわけです。統計学では「データが正規分布に従っている場合、平均±1SDのエリアにデータの68％が分布する」と表現します。SDとは標準偏差のことです。標準偏差のことを英語では「Standard Deviation（スタンダード・デヴィエーション）」と言い、SDはその略です。

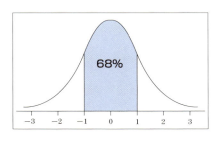

図3.3 平均±1SD

平均±2SDのエリアには95%（図3.4）、平均±3SDのエリアには99.7%（図3.5）のデータが分布します。

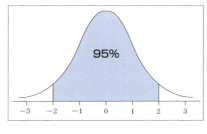
図3.4 平均±2SD

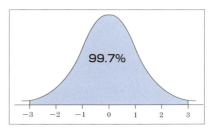
図3.5 平均±3SD

❖標準偏差はいくつ？

品物点数および購入金額の標準偏差を求めてみましょう。標準偏差は **STDEV.P** という関数を使って求めることができます。

▶ **品物点数と購入金額の標準偏差を求める**

❶ B24セルに「＝STDEV.P(B2:B17)」と入力します。そうすると、B24セルに計算結果が表示されます。

「＝STDEV.P(B2:B17)」は「B2セルからB17セルの数値の標準偏差を求めてね」という意味です。

❷ 小数点の表示を整えます。B24 セルを選択し、[小数点以下の表示桁数を減らす] ボタン を数回クリックします。

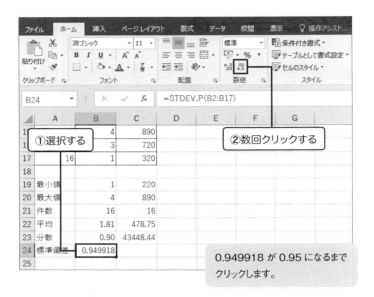

品物点数の標準偏差が求められました。これを利用して、購入金額の標準偏差を計算します。

❸ B24 セルの関数をコピーし、C24 セルに貼り付けます。

❹購入金額の標準偏差（SD）の計算結果が表示されました。

20	最大値	4	890
21	件数	16	16
22	平均	1.81	478.75
23	分散	0.90	43448.44
24	標準偏差	0.95	208.44

　書式も一緒に貼り付けられるので、C24セルもきちんと小数点以下第2位までの表示になっています。

❖平均±1SDのエリアに何人いるの？

　分布が正規分布そのものならば、平均±1SDのエリアに全体のデータの68％が入ります。では、カフェ・バリアンスの購入金額の分布は、実際のところどうなってるでしょうか。平均±1SDのエリアに何％くらいのデータが入るでしょうか？　平均±2SD、平均±3SDではどうでしょうか？
　サンプルデータ（第3章サンプルデータ.xlsx）の2枚目のシート「Sheet2」※を開いて、さっそく求めてみましょう。

※　Sheet2には、Sheet1で行った入力に加え、これから入力する項目のセルが設けられています。

▶ 平均±1SD、平均±2SD、平均±3SDを求める

最初に、「平均+1SD」「平均+2SD」「平均+3SD」を求めます。これらは「上限」となります。

❶ P2セルに「=C22+1*C24」、P3セルに「=C22+2*C24」、P4セルに「=C22+3*C24」と入力します。

	A	B	C		O	P		
1	客連番	品物点数	購入金額			上限	下限	下限以
2	1	2	610		平均+1SD	687.19	平均−1SD	
3	2	1	310		平均+2SD	895.64	平均−2SD	
4	3	1	320		平均+3SD	1104.08	平均−3SD	
22	平均	1.81	478.75					
23	分散	0.90	43448.44					
24	標準偏差	0.95	208.44					

=C22+1*C24
=C22+2*C24
=C22+3*C24

「(購入金額の)平均+1SD」は、「(購入金額の)平均+1×標準偏差」という意味です。購入金額の平均はC22セル、SD(標準偏差)はC24セルに入力されています。また、かけ算の記号(×)は、表計算ソフトでは「*」(アスタリスク)になります。したがって、「(購入金額の)平均+1SD」は「=C22+1*C24」という計算式になります。

続いて、「平均−1SD」「平均−2SD」「平均−3SD」を求めます。これらは「下限」となります。

❷ R2セルに「=C22−1*C24」、R3セルに「=C22−2*C24」、R4セルに「=C22−3*C24」と入力します。

	A	B	C		O	P	Q	R	
1	客連番	品物点数	購入金額					下限	下限以
2	1	2	610				平均−1SD	270.31	
3	2	1	310				平均−2SD	61.86	
4	3	1	320		平均+3SD	1104.08	平均−3SD	−146.58	
22	平均	1.81	478.75						
23	分散	0.90	43448.44						
24	標準偏差	0.95	208.44						

=C22−1*C24
=C22−2*C24
=C22−3*C24

「(購入金額の) 平均 − 1SD」は、「(購入金額の) 平均 − 1×標準偏差」という意味です。購入金額の平均はC22セル、SD(標準偏差) はC24セルに入力されているので、「(購入金額の) 平均 − 1SD」は「=C22 − 1 * C24」という計算式になります。

▶ エリア上の人数の割合を調べる

「平均 − 1SD」から「平均 + 1SD」のエリアの中に何人が含まれるでしょうか。同様に、「平均 − 2SD」から「平均 + 2SD」、「平均 − 3SD」から「平均 + 3SD」のエリアに含まれている人数を数えてみましょう。

❶ S2 セルに「= COUNTIFS($C$2:$C$17,">="&R2,$C$2:$C$17,"<="&P2)」と入力します。

	A	B	C		P	Q	R	S
1	客連番	品物点数	購入金額		上限		下限	下限以上上限以下の人数
2	1	2	610		687.19	平均 − 1SD	270.31	
3	2	1	310		895.64	平均 − 2SD	61.86	
4	3	1	320		1104			
5	4	1	220					
6	5	1	310					

「=COUNTIFS($C$2:$C$17,">="&R2, $C$2:$C$17,"<="&P2)」と入力する

❷ S2 セルをコピーし、S3 セルから S4 セルに貼り付けます。

	A	B	C		P	Q	R	S
1	客連番	品物点数	購入金額		上限		下限	下限以上上限以下の人数
2	1	2	610		①コピーする		270.31	9
3	2	1	310		895.64	平均 − 2SD	61.86	
4	3	1	320		1104.08	平均 − 3SD	−146.58	
5	4	1	220					
6	5	1	310		②貼り付ける			
7	6	1	410					
8	7	2	550					

考え方は第2章の「購入金額の度数分布表を作ろう」(49ページ)と同じです。たとえば、S2セルの「= COUNTIFS($C$2:$C$17,">="&R2,$C$2:$C$17,"<="&P2)」は、「C2セルからC17セルの中でR2セルの内容以上で、かつ、C2セルからC17セルの中でP2セルの内容以下のセルの個数を求めてね」という意味です。つまり、「平均 − 1SD」(270.31)から「平均 + 1SD」(687.19)のエリアの中に何人いるのかをカウントしています。

❸計算結果が表示されます。

O	P	Q	R	S
	上限		下限	下限以上上限以下の人数
平均 + 1SD	687.19	平均 − 1SD	270.31	9
平均 + 2SD	895.64	平均 − 2SD	61.86	16
平均 + 3SD	1104.08	平均 − 3SD	−146.58	16

「平均 − 1SD」から「平均 + 1SD」のエリアの中には9人いることがわかりました。続いて、この9人が全体の何割になるのかを求めます。

❹ T2セルに「= S2／$C$21」と入力します。

	A	B	C	Q	R	S	T
1	客連番	品物点数	購入金額		下限	下限以上上限以下の人数	割合
2	1	2	610	均 − 1SD	270.31	9	
3	2	1	310	均 − 2SD	61.86	16	
4	3	1	320	均 − 3SD	−146.58	16	
5	4	1	220				
6	5	1	310				
7	6	1	410				
17	16	1	320				
18							
19	最小値	1	220				
20	最大値	4	890				
21	件数	16	16				

「=S2／$C$21」と入力する

❺ T2 セルをコピーし、T3 セルから T4 セルに貼り付けます。

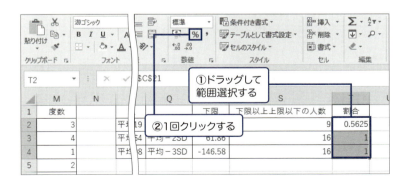

この9人が全体の何割になるのかを求める計算式（T2セル）は、「＝9人÷全体の人数」になります。全体の人数（件数）はC21セルに入力されています。割り算の記号（÷）は、表計算ソフトでは「／」（スラッシュ）になります。したがって、T2セルの計算式は「＝S2／$C$21」になります。T2セルの計算式をT3、T4セルにコピーできるように、C21は絶対参照の$C$21にします。

❻ T2 セルから T4 セルまでを選択し、［パーセントスタイル］ボタン %
を1回クリックします。

❼「0.5625」が「56%」、「1」が「100%」とパーセント表示になりました。

P	Q	R	S	T
上限		下限	下限以上上限以下の人数	割合
687.19	平均－1SD	270.31	9	56%
895.64	平均－2SD	61.86	16	100%
1104.08	平均－3SD	-146.58	16	100%

❽ T2セルからT4セルまでを選択し、［小数点以下の表示桁数を増やす］ボタン を数回クリックして小数点以下第2位まで表示させます。

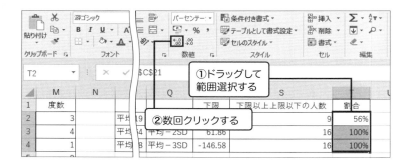

❾ 割合が小数点第2位までの表示になりました。

O	P	Q	R	S	T
	上限		下限	下限以上上限以下の人数	割合
平均＋1SD	687.19	平均－1SD	270.31	9	56.25%
平均＋2SD	895.64	平均－2SD	61.86	16	100.00%
平均＋3SD	1104.08	平均－3SD	-146.58	16	100.00%

　計算から「平均－1SD」は270.31、「平均＋1SD」は687.19であることがわかりました。また、この270.31から687.19までのエリアに、9人、すなわち全体の56.25%の人が分布していることもわかりました。

❖平均±1SDをヒストグラムで確認しよう

数字だけ追っていても、わかったようなわからないような……（目がしぱしぱ）。

こういうときこそヒストグラムが便利なんですよ！

　ここで、第2章の最後に作成した「購入金額の度数」のヒストグラムを使用します。サンプルデータ（第3章サンプルデータ.xlsx）の3枚目のシート「Sheet3」※を開いてください。

▶ ヒストグラムで確認する

❶ [挿入] タブの [図] から、[図形] → [双方向矢印] を選択します。

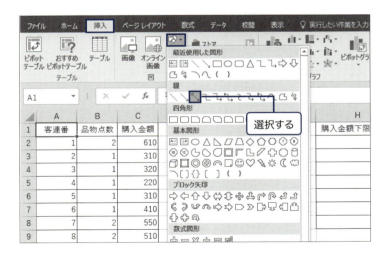

※Sheet3には、Sheet1とSheet2で行った入力に加え、第2章の最後に作成した「購入金額の度数」の数値とヒストグラムが入力されています。

❷下限は 270.31、上限は 687.19 なので、[200 円以上 300 円未満] から [600 円以上 700 円未満] までにドラッグして線を引きます。

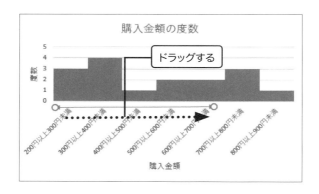

❸ [挿入] タブの [図] から、[図形] → [円／楕円] ○ を選択します。

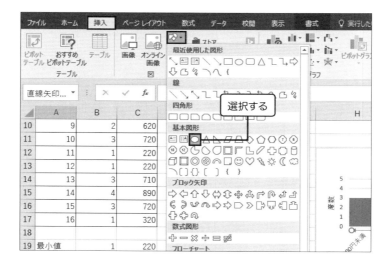

❹購入金額平均の478.75あたりをドラッグして円を描きます。

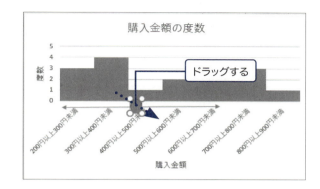

線が左側に寄っているんだけど……これってどういうこと？

この矢印の間に56.25％のお客さんがいるってことです。つまり、56.25％のお客さんが700円未満しか買わないってことです。

うーーーん、でも、でも、残りの44％くらいのお客さんは700円以上買うってことでしょ？

そうですね。飲み物1杯程度のお客さんと、飲み物だけじゃなくてサイドメニューも頼むお客さんがいるってことじゃないかなぁ？

よっしゃー！　サイドメニューもバリバリおすすめしちゃおう！

POINT

　この章で利用した関数です。これらの関数はデータを分析する際によく利用します。

■AVERAGE関数
平均値を求める。
形式：AVERAGE(範囲)　または　AVERAGE(数値,数値,……)
例　：AVERAGE(B2:B17)
意味：「B2セルからB17セルの数値の平均を求めてね」

■VAR.P関数
母集団の分散を求める。
形式：VAR.P(範囲)　または　VAR.P(数値,数値,……)
例　：VAR.P(B2:B17)
意味：「B2セルからB17セルの数値の分散を求めてね」

■STDEV.P関数
母集団の標準偏差を求める。
形式：STDEV.P(範囲)　または　STDEV.P(数値,数値,……)
例　：STDEV.P(B2:B17)
意味：「B2セルからB17セルの数値の標準偏差を求めてね」

AVERAGEは平均って意味だよね？

はい、統計学では平均はMEANと表現するのが一般的ですが、どういうわけかExcelではAVERAGEです。

ふーーん、じゃあVAR.PとかSTDEV.Pって何？

VARはVariance（バリアンス）、STDEVはStandard Deviation（スタンダード・デヴィエーション）の略です。Varianceは分散、Standard Deviationは標準偏差のことです。

じゃあ、Pは？

Population（ポピュレーション）、母集団のことです。母集団というのは、調査対象となる集団を指します。VAR.P（B2:B17）では、B2セルからB17セルの数値が母集団となり、その母集団の分散を求めてくれます。

▼CHECK！

この章で学んだ内容です。あなたの自信度を3段階（1.自信ない、2.やや自信あり、3.自信あり）でチェックしてみましょう。

- 分散、標準偏差とは何かがわかる
  .... 1　　2　　3
- 表計算ソフトで平均、分散、標準偏差を計算できる
  .... 1　　2　　3
- 表計算ソフトで小数点以下の表示桁数を変更できる
  .... 1　　2　　3
- 分散、標準偏差からどのようなことが言えるのかがわかる
  .... 1　　2　　3

やってみよう！ 練習問題

▼**本章で使用するデータ：3_子どもの人数・身長.xls**

「3_子どもの人数・身長.xlsx」は、2章の練習問題と同じデータです。子どもの人数および身長の度数分布表、ヒストグラムが作成されています。

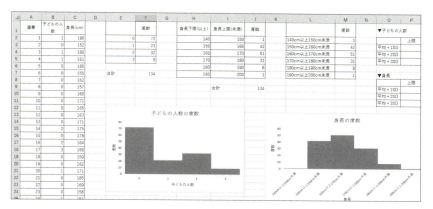

図3.4　3_子どもの人数・身長.xlsx

▼**練習**

① B列「子どもの人数」の平均、分散、標準偏差を計算しましょう。
② C列「身長」の平均、分散、標準偏差を計算しましょう。
③ 子どもの人数のヒストグラムに、平均±1SDの範囲を描きましょう。このヒストグラムからどのようなことが言えますか。
④ 身長のヒストグラムに、平均±1SDの範囲を描きましょう。このヒストグラムからどのようなことが言えますか。

> ▼HINT
> ①②平均、分散の計算は78ページ、標準偏差の計算は83ページを参照。
> ③④平均±1SDの範囲の描き方は87ページを参照。

解答例：巻末201ページ
解答ファイル：3_練習問題完成.xlsx

度数を比較する
─直接確率検定─

MENU

4.1 男性客と女性客、どちらが多いの？
　── 検定の考え方
4.2 検定をやってみよう

4.1 男性客と女性客、どちらが多いの？——検定の考え方

❖検定って何？

表4.1はスミレさんが調査した、ある日の客数です。1時間ごとに区切って、男性および女性の客数をカウントしました。

	10時台	11時台	12時台	13時台	14時台	15時台	16時台	17時台	18時台	19時台	20時台	合計
男性	2	7	18	6	2	6	4	5	9	12	8	79
女性	8	9	12	10	14	18	5	3	3	5	4	91

表4.1　男女別来客数

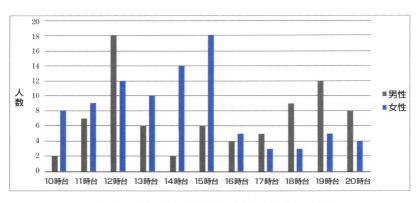

図4.1　男女別来客数（表4.1をグラフ化）

調子のいいこと言って、結局これも私に数えさせたんだから……ブツブツ。

おおっ、10時台は2：8で女性が断然多いじゃないの。女性圧勝！　野球の最終回ならもう帰っちゃうレベルだね〜へっへっへ。

いえいえ、店長、よーく見てください。1日の合計だと男性が79人、女性が91人です。

ぐぬぬ……79：91か……女性のほうが多いけど、かなり微妙だなぁ。女性客が多いとも言い切れないし、かと言って同じとも言えないよねぇ。どうしたらいいの？

そんなときは検定を使うんです！

ふむ、検定なら私も持っているぞ。そろばん検定3級だ！

いえ、その検定ではありません。統計の検定です。

　統計では、「男女の人数が79：91であったとき、人数に違いがあるかを**検定する**」などの言い方をします。違いがあるときは「**有意な違い**がある」と表現します。

"有意な違い" というのは何？ "有意な違い" というのがあるのなら、"有意じゃない違い" というのもあるのかい？

そうなんです、それが検定の考え方なんです！

"有意ではない違い"とは、数字のうえでは確かにちょっと違っているけれど、その違いはたまたま偶然に起こったものを指します。本当は違いはないのだけれど、たまたまちょっと違っているだけです。だから、"意味がない違い"、すなわち"有意ではない違い"です。

　一方、"有意な違い"は、否定しようのないはっきりとした違いです。偶然には起こりようがない違いです。

検定とは、違いが有意か有意でないかを決める手続きなんです。

気に入った！　その検定の手続きとやらを教えてよ。

❖検定の手続きを知ろう

　ここからはわかりやすい例を使って、店長と一緒に検定の手続きを追っていきましょう。

まず、お客様の男女の比率が等しいと仮定します。そこに、5人のお客様が連続してやって来て、全員女性だとします。

全員女性なら、反論の余地なく、女性の勝ちでしょ？

いえいえ、最初に来た5人がたまたま偶然女性ってこともあるかもしれませんよ！

そうですね、そういうこともあるかもしれません。では、5人が連続して女性である確率を計算してみましょう。

男性と女性の比率が等しいならば、1人目が女性である確率は1/2です。2人目が女性である確率も1/2です。1人目も2人目も女性である確率は、1/2×1/2 = 1/4です。同じように5人が連続して女性である確率は、1/2×1/2×1/2×1/2×1/2 = 1/32 = 0.03125、約3％です。

たった3％なの？

はい、「男性と女性の比率が等しい」と仮定した場合、5人が連続して女性である確率は約3％です。回数で言えば、100回に3回の確率です。

100回に3回！　それはめったに起こらないよ。これってたまたま偶然、女性だったわけじゃないんじゃないのぉ〜？　もともと女性客のほうが多いんだよぉ、絶対！

そうなんです。「男性と女性の比率が等しい」という仮定がそもそも間違っていたと考えます。男性と女性の比率は等しくない。つまり、男性と女性の比率には有意な違いがあると考えます。

やっぱり！　男性客数と女性客数には違いがあるんだ！

検定の手続きは、図4.2のようにまとめられます。

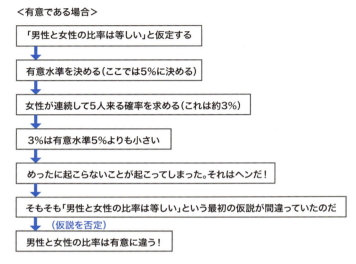

図4.2 検定の手続き（有意水準より小さい場合）

　ちょっと、ちょっと！　有意水準って何？

　有意水準は、たまたま偶然に起こったことかどうかを判断するための基準です。この基準は自分で決めてよいのですが、それぞれが勝手に決めると混乱するので、一般的には5％や1％がよく使われます。

　5％というと、20回に1回か……これより小さい確率ならば、確かにめったに起こらないよね〜。じゃあ、この有意水準より大きかったら、どうなるの？

では、女性が4人続けて来た場合を考えてみましょう。
男性と女性の比率が等しいと仮定した場合、4人が連続して女性であ

る確率は、1/2 × 1/2 × 1/2 × 1/2 = 1/16 = 0.0625、約6％です。有意水準を5％とした場合、6％は有意水準よりも大きいですね。

女性ばかりが4人続けて来るのはちょっとヘンだけれど、有意水準5％よりは大きな確率なので、まあそういうことも起こりえるだろうと考えます。

うむ、確かに、女性ばかりが続けて4人くらい来ることはあるかなぁ。

はい。だから、4人続けて来たくらいでは「男性と女性の比率は等しい」という最初の仮説を否定して、「男性と女性の比率は有意に違う」とか「女性が多い」とかは言えないのです。

有意水準より大きい場合は図4.3のように考えます。

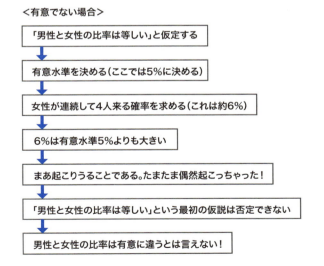

図4.3　検定の手続き（有意水準より大きい場合）

4.2 検定をやってみよう

❖js-STARを動かしてみよう

さて、最初の話「男性客と女性客、どちらが多いのか？」に戻ります。男女の人数が2：8であったとき、人数に違いがあるかを検定してみましょう。検定には統計ソフトを使います。統計ソフトには、SPSSなどの有償ソフトも数多くありますが、ここでは、無償のWebソフト「**js-STAR**」を利用します。

以下の手続きに沿って、表示してみましょう。

▶ **js-STARを開く**

❶ ブラウザで「js-STAR」を検索します。検索結果から［js-STAR 2012-KISNET］を選択します。

URL「http://www.kisnet.or.jp/nappa/software/star/」を直接入力してもOKです。

❷ js-STAR2012の画面が表示されます。

▶ 直接確率検定を行う

　10時台の男性客数（2人）と女性客数（8人）に違いがあるかどうかを調べてみましょう。

　具体的には、2人対8人になる確率を計算します[※]。この確率が有意水準より小さければ、「偶然ではない→違いがある！」と結論づけることになります。

❶ 左側のメニューから［1×2表（正確二項検定）］を選択します。

❷ 右側に分析用の画面が表示されます。

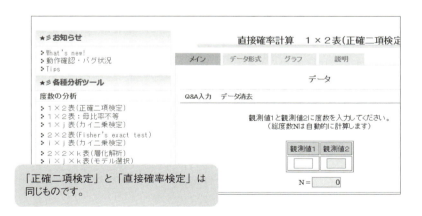

「正確二項検定」と「直接確率検定」は同じものです。

※　計算法を詳しく知りたい方は、別途書籍『js-STARでかんたん統計データ分析』（技術評論社）などを参考にしてください。

❸ 観測値 1 に男性客数「2」、観測値 2 に女性客数「8」を入力し、[計算!]ボタンをクリックします。

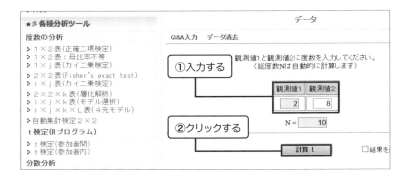

❹ 結果が表示されました。

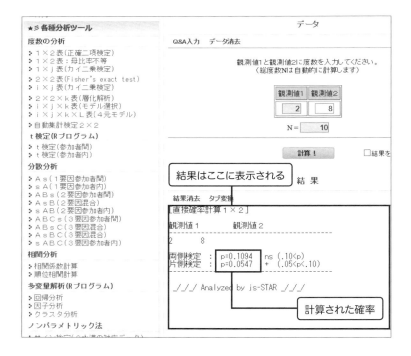

あれれ、「片側検定」と「両側検定」とがあるよ。どちらを見ればいいんだい？

それは、知りたいことによって違います。

この例の場合、知りたいこととして次のいずれかがあります。

・「女性が多い」あるいは「男性が多い」というように、どちらが多いかを知りたい

・男性と女性のどちらかが多いかはさておき、とにかく男性と女性の比率に違いがあるかどうかを知りたい

　前者の場合は片側検定、後者の場合は両側検定を使います。
　両側検定の場合、男性が多い場合と女性が多い場合の両方があるので、確率が2倍になります。通常は、「違いがあるかどうか」を知りたいので、両側検定を使います。

両側検定のところを見てください。「p＝0.1094」ですね。pはprobability、確率のことです。2：8になる確率は0.1094、つまり10.94％です。これは有意水準5％より大きいので、男性客数と女性客数に有意な違いはないと言えます。

2：8で女性の勝ちだと思ったのに、違いはないのかぁ〜。じゃあ、じゃあ1日の合計の79：91はどうなの？

店長、js-STARは簡単だから自分でもやってみてくださいねっ！

POINT

2つの群の数に有意な違いがあるかどうかを知りたいときは、以下の流れで確認することができます。

■A群の数とB群の数に有意な違いがあるかどうかを知りたい

①「A群の数とB群の数は等しい」と仮定する。

②js-STARなどの統計ソフトにデータを入力し、確率を計算する。

③確率が有意水準より小さければ、「めったに起こらないことが起こってしまった。そもそも仮説が間違っていた」と考え、①の仮説を否定し、「A群の数とB群の数は有意に違う」と考える。
確率が有意水準より大きければ、「まあそういうことも起こりえるだろう」と考える。①の仮説は否定できないので、「A群の数とB群の数は有意に違う」とは言えない。

▼CHECK！

この章で学んだ内容です。あなたの自信度を3段階（1.自信ない、2.やや自信あり、3.自信あり）でチェックしてみましょう。

- 検定の考え方がわかる
  .... 1　　2　　3
- どのようなときに「有意な違いがある」と言えるのかがわかる
  .... 1　　2　　3
- どのようなときに「有意な違いはない」と言えるのかがわかる
  .... 1　　2　　3
- js-STAR の正確二項検定を使って検定ができる
  .... 1　　2　　3

やってみよう！ 練習問題

▼本章で使用するデータ：4_子どもの人数と性別.xls

アンケート回答者 134 人の中から、子どもがいる 62 人に、以下の質問を行いました。

・質問：子どもの性別を出生順にお答えください

（　　）（　　）（　　）（　　）

「4_子どもの人数と性別.xlsx」は、その 62 人の回答結果です。B 列の「子どもの人数」の順にデータを並べています。

	A	B	C	D	E	F
1	連番	子どもの人数	第1子の性別	第2子の性別	第3子の性別	
2	1	1	女			
3	3	1	女			
4	4	1	女			
5	20	1	女			
6	24	1	女			
22	132	1	男			
23	14	2	女	女		
24	16	2	女	女		
25	27	2	女	女		
26	33	2	女	女		
59	55	3	男	女	男	
60	85	3	男	女	男	
61	103	3	男	男	男	
62	105	3	男	男	男	
63	112	3	男	男	男	
64						

🔹図4.4🔹　4_子どもの人数と性別.xlsx

> たとえば、連番1の人は子どもが 1 人で性別は女、連番 112 の人は子どもが 3 人で、第 1 子、第 2 子、第 3 子とも性別は男です。

▼練習

①子どもが1人の場合の、子どもの性別の度数とその割合を計算しましょう。

②子どもが2人以上の場合の、第1子の性別の度数とその割合を計算しましょう。

③子どもが2人以上の場合の、第2子の性別の度数とその割合を計算しましょう。

④子どもが1人の場合、男と女の度数に違いがあるかについて、直接確率検定で確かめましょう。

⑤子どもが2人以上の場合、第1子の男と女の度数に違いがあるかについて、直接確率検定で確かめましょう。

⑥子どもが2人以上の場合、第2子の男と女の度数に違いがあるかについて、直接確率検定で確かめましょう

> ▼HINT
>
> ①②③条件を付けた度数の数え方は43ページを参照。さらに複数条件で該当行を探す方法は49ページを参照。たとえば「=COUNTIFS(B2:B63,"="&1,C2:C63,"= 女 ")」とすれば、セル範囲 B2:B63 が 1、かつ、セル範囲 C2:C63 が「女」である行を数えることができる。
>
> ④⑤⑥直接確率検定の方法は111ページを参照。

解答例：巻末202ページ
解答ファイル：4_練習問題完成.xlsx

平均を比較する
—効果量の計算—

MENU

5.1 棒グラフで差を見てみよう
5.2 効果量を計算しよう

5.1 棒グラフで差を見てみよう

❖性別ごとに平均・標準偏差を計算しよう

表5.1は本部から届いた売上データです。このデータを見ると、客連番1の人は女性で、品物を4点購入し、その金額が1,120円だったことがわかります。さて、男性と女性では、品物点数・購入金額に違いはあるでしょうか。

客連番	性別	品物点数	購入金額	客連番	性別	品物点数	購入金額
1	女性	4	1120	16	男性	1	320
2	男性	2	560	17	男性	2	580
3	男性	1	320	18	男性	2	560
4	男性	1	220	19	男性	2	580
5	女性	2	560	20	男性	1	220
6	男性	2	580	21	女性	2	650
7	女性	2	580	22	女性	1	220
8	女性	2	540	23	男性	1	420
9	男性	2	620	24	女性	3	750
10	女性	3	720	25	男性	2	560
11	女性	2	440	26	女性	3	730
12	男性	3	800	27	女性	2	560
13	女性	2	580	28	女性	3	860
14	男性	1	220	29	女性	3	880
15	女性	3	670	30	男性	1	320

表5.1 売上データ

違いを確かめるために、性別ごとに品物点数・購入金額の平均、標準偏差を求めます。サンプルデータ（第5章サンプルデータ.xlsx）の1枚目のシート「Sheet1」[※]を開いて、さっそく計算してみましょう。

※ Sheet1には、表5.1の数値と、これから入力する項目のセルが設けられています。

▶ 品物点数の数を数える

❶「性別」のセル（B1）をクリックして、［ホーム］タブにある［並べ替えとフィルター］をクリックし、［昇順］をクリックします。

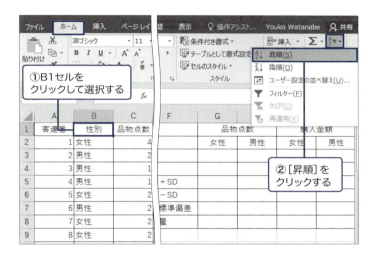

❷ 性別ごとにデータが並び替わりました。2行目から16行目までが女性、17行目から31行目までが男性です。

性別ごとにデータを並び替えたところで、女性および男性の平均とSD（標準偏差）を計算します。

❸ 女性の品物点数は C2 セルか C16 セルまで、男性の品物点数は C17 セルから C31 セルまでに入力されています。G3 セルに「= AVERAGE(C2:C16)」、H3 セルに「= AVERAGE(C17:C31)」と入力します。

❹ G4 セルに「= STDEV.P(C2:C16)」、H4 セルに「= STDEV.P(C17:C31)」と入力します。

それぞれの平均 + SD（標準偏差）、平均 − SD（標準偏差）も計算します。

❺ G5 セルに「= G3 + G4」、H5 セルに「= H3 + H4」、G6 セルに「= G3 − G4」、H6 セルに「= H3 − H4」と入力します。

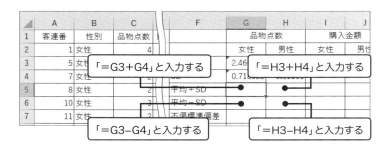

❻計算結果をドラッグして選択し、［小数点以下の表示桁数を増やす］ボタン を数回クリックして、小数点以下第2位まで表示します。

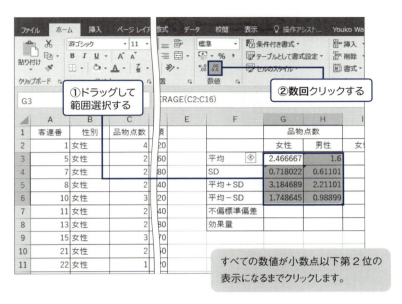

❼計算結果が表示されました。

❖ 平均のグラフを描こう

　性別ごとの品物点数の平均の違いがわかりやすいように、図5.1のようなグラフを描いてみましょう。グラフに表示されている縦線（ひげ）は、平均±1SD（標準偏差）を示しています。

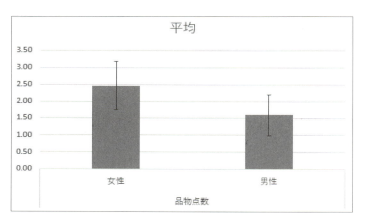

🌿 **図5.1** 🌿 男女別品物点数の平均（完成図）

▶ 平均のグラフを作る

❶ F1セルからH3セルまでを範囲選択します。

❷ ［挿入］タブの［グラフ］から［縦棒／横棒グラフの挿入］→［集合縦棒］を選択します。

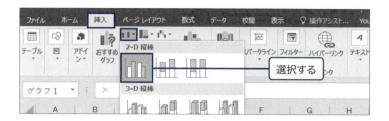

❸ グラフが表示されます。［グラフ要素］をクリックし、［誤差範囲］の三角ボタン▶をクリックし、［その他のオプション］をクリックします。

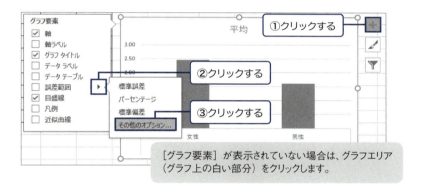

［グラフ要素］が表示されていない場合は、グラフエリア（グラフ上の白い部分）をクリックします。

❹ ［ユーザー設定］をクリックしてチェックし、［値の指定］をクリックします。

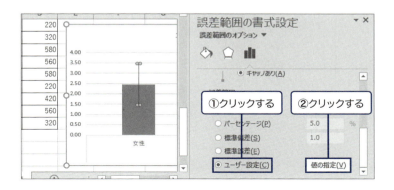

❺ ダイアログボックスが開きます。［正の誤差の値］の欄に表示されている文字を削除してから、G4 セルから H4 までをドラッグします。

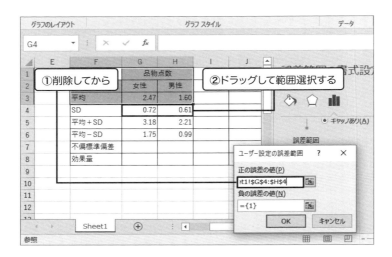

❻ ［負の誤差の値］の欄に表示されている文字を削除してから、G4 セルから H4 までをドラッグし、［OK］ボタンをクリックします。

❼ 平均のグラフに標準偏差のひげが表示されました。

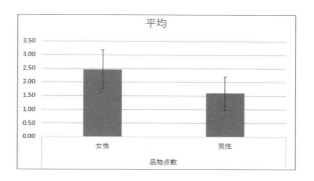

店長、できました！ 品物点数の平均は、女性が2.47点、男性が1.60点です。

その差は0.87点か……うーーん、微妙だなぁ。0.87は小さな数だけれど、品物点数はもともと2点とか3点だからね。

そうですね。それからすると、0.87はそれなりの差のようにも思えます。

うーーーん、女性は品物点数が多いって言えるのかなぁ？

平均の差を調べる検定もありますよぉ～～ウフフ……。

ゲッ、また検定……。

5.2 効果量を計算しよう

❖効果量で平均の差を評価しよう

　ここでは、平均の差を調べる検定ではなく、**効果量**を使いましょう。効果量とは、簡単に言うと、標準偏差（SD）を基準にして平均の差の大きさを評価しようとするものです。

店長、データが正規分布に従うのならば、平均±1SDのエリアに全体のデータの68％が分布しているという話、覚えていますか？

ふっ……僕に過去の話はしないでほしいな。

はいはい。では、平均と標準偏差のグラフで説明しますね。

　図5.2を見てください。女性の平均は2.47、男性の平均は1.60です。その差は0.87です。

　男女とも標準偏差（SD）がとても大きかったとします。この縦線のエリアにデータの68％が分布しているわけです。もとのデータがこんなにばらついているのならば、平均の差である0.87はたいしたことないと言えます。標準偏差を基準にして考えれば、平均の差は小さいと考えられます。

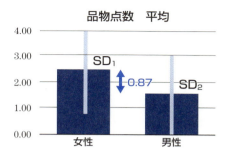

図5.2 **標準偏差（SD）が大きい場合**

　では、図5.3はどうでしょうか。平均は図5.2と同じですが、標準偏差がとても小さいです。この縦線のエリアにデータの68％がギュウーと入っているわけです。そのような状態では、平均の差0.87は結構大きな差です。標準偏差を基準にして考えれば、平均の差は大きいと考えられます。

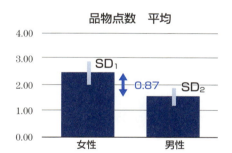

図5.3 **標準偏差（SD）が小さい場合**

うむ、つまり、標準偏差に比べて平均の差が大きいか小さいかを考えるってこと？

まあ、そういうことです。

でも、標準偏差は女性と男性の両方があるよ。どちらを使うの？

効果量を求める計算式は、研究者によっていくつか提案されています。ここでは一番簡単な「Glassの Δ（デルタ）」という計算式を使いましょう。以下がGlassの Δ の計算式です。

$$\text{Glass の } \Delta = \frac{\text{実験群の平均} - \text{統制群の平均}}{\text{統制群の不偏標準偏差}}$$

実験群とは、何らかの操作を行った群（グループ）のことです。統制群は、何も操作していない群（グループ）のことで、実験群と比較するためのものです。計算式の分母に「不偏標準偏差」という言葉が出てきました。この式では標準偏差をそのままではなく、少しだけ大きく見積もった不偏標準偏差を使います（その理論的背景については本書の範囲を越えるので割愛します）。Glassの Δ では、「統制群の不偏標準偏差」を基準にしているので、平均の差を「統制群の不偏標準偏差」で割っています。

ここでは、男女ともに何も操作していないのですが、女性に注目しているので、女性を実験群として考えます。そうすると、効果量は以下の計算式になります。

$$\text{Glass の } \Delta = \frac{\text{女性群の平均} - \text{男性群の平均}}{\text{男性群の不偏標準偏差}}$$

Excelでの計算方法は以下のとおりです。不偏標準偏差は**STDEV.S**という関数でセル範囲を指定して求めることができます。

5.2 効果量を計算しよう / 133

	B	C	D	E	F	G	H	I	J
1	性別	品物点数	購入金額			品物点数		購入金額	
2	女性	4	1120			女性	男性	女性	男性
3	女性	2	560		平均	2.47	1.60		
4	女性	2	580		SD	0.72	0.61		
5	女性	2	540		平均＋SD	3.18	2.21		
6	女性	3	720		平均－SD	1.75	0.99		
7	女性	2	440		不偏標準偏差		0.63		
8	女性	2	580		効果量	1.37			
…	男性	3	670						
27	男性	2	580						
28	男性	1	220		=STDEV.S(C17:C31)				
29	男性	1	420		=(G3-H3)／H7				
30	男性	2	560						
31	男性	1	320						

図5.4　不偏標準偏差を算出する

実際に計算してみると、効果量は1.37になります。

$$\text{Glass の } \Delta = \frac{2.47 - 1.60}{0.63} = 1.37$$

Glass の Δ の計算式はわかったけれど、で、この1.37はどうなのよ？

効果量の大きさを判断するための目安があります。

次ページの表5.2は効果量の大きさを判断するための目安です。効果量の大きさは絶対値で見てください。絶対値とは±の記号を無視した大きさのことです。効果量が0〜0.15、つまり平均差が不偏標準偏差の15％以下ならば、平均差はたいしたことなく、無視できる効果量であり、2群の平均に違いはないと言えます。

一方、効果量が1.10以上というのは、平均差が不偏標準偏差の1.1倍以上ということになります。これは結構な平均差であり、非常に大きな効果量であり、2群の平均に大きな違いがあると言えます。

効果量	判断
0〜0.15	無視できる効果量
0.15〜0.40	小さい効果量
0.40〜0.75	中程度の効果量
0.75〜1.10	大きい効果量
1.10〜	非常に大きい効果量

表5.2　効果量の判断の目安

どれどれ、1.37は「非常に大きい効果量」ということか

つまり、品物点数について女性と男性の平均には大きな違いがあるということです。平均からすると、女性のほうが男性よりも多いということが言えます。

こないだの話（第4章）だと、男女の客数に違いはないということだったけれど、女性は男性よりもたくさん品物を買ってくれているってことか！　おおぉ、いいじゃない！

店長、男性と女性の購入金額の平均に差があるかも！　同じ方法でわかりますよ。

　性別による購入金額の平均に違いがあるかを調べてみましょう。ここまでのおさらいになりますので、流れだけを簡単に説明します。

▶ 男女別購入金額の平均・標準偏差を計算する

❶ 122 ページの手順のとおりに、性別の平均、標準偏差、平均＋ SD（標準偏差）、平均－ SD（標準偏差）、不偏標準偏差を計算し、小数点以下第 2 位までの表示にします。

▶ 男女別購入金額の平均のグラフを描く

❶ 126 ページの手順のとおりに、下図のような男女別購入金額の平均のグラフを描きます。「ひげ」を忘れないようにしてくださいね。

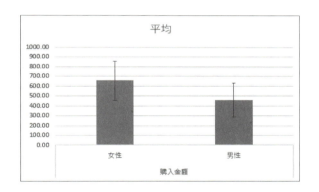

▶ 効果量を求める

❶ 以下の計算式を使って効果量を求めます。

$$\text{Glass の } \Delta = \frac{\text{女性群の平均} - \text{男性群の平均}}{\text{男性群の不偏標準偏差}}$$

　さて、効果量はいくらになるでしょうか。効果量の判断の目安を使って、効果量について考察してみましょう。効果量からどのようなことが言えますか？　女性の購入金額の平均と男性の購入金額の平均には差がありますか？

POINT

2つの群の平均数に違いがあるかどうかを知りたいときは、以下の流れで確認することができます。

■A群の平均とB群の平均に違いがあるかどうかを知りたい

①各群の平均と標準偏差を計算する。

②平均のグラフを描く。

③Glassの Δ を使って効果量を計算する。

> **▼CHECK！**
>
> この章で学んだ内容です。あなたの自信度を3段階（1.自信ない、2.やや自信あり、3.自信あり）でチェックしてみましょう。
>
> ・平均の棒グラフ（標準偏差のひげ付き）を描くことができる
> .... 1　2　3
> ・Glass の Δ を使って効果量を計算できる
> .... 1　2　3
> ・効果量の意味がわかる
> .... 1　2　3

やってみよう！ 練習問題

▼本章で使用するデータ：5_血液型・性格.xlsx

18歳から69歳までの男女134人（既婚・未婚を含む）に以下の質問を行いました。
・血液型をお答えください　　　　　　　　　　　　　　（A・B・O・AB）
・自分自身の性格を5段階（1 まったくあてはまらない・2 ややあてはまらない・3 どちらともいえない・4 ややあてはまる・5 まったくあてはまる）で評定してください。

　ア）整理好きである　　　イ）マイペースである
　ウ）面倒見が良い　　　　エ）変わり者である

ア）整理好き

	A	B	C	D	E	F	G	H
1	血液型	整理好き		▼整理好き				
2	A	2			A型	A型以外		
3	A	2		人数				
4	A	4		平均				
5	A	2		標準偏差				
6	A	2		不偏標準偏差				
7	A	4		効果量				
133	O	3						
134	O	3						
135	O	3						
136								

イ）マイペース

	A	B	C	D	E	F	G	H
1	血液型	マイペース		▼マイペース				
2	A	2			B型	B型以外		
3	A	3		人数				
4	A	4		平均				
5	A	1		標準偏差				
6	A	5		不偏標準偏差				
7	A	3		効果量				
133	O	3						
134	O	5						
135	O	3						
136								

ウ）面倒見が良い

	A	B	C	D	E	F	G	H
1	血液型	面倒見が よい		▼面倒見				
2	A	4			O型	O型以外		
3	A	2		人数				
4	A	3		平均				
5	A	3		標準偏差				
6	A	4		不偏標準偏差				
7	A	2		効果量				
133	O	4						
134	O	3						
135	O	5						
136								

エ）変わり者

	A	B	C	D	E	F	G	H
1	血液型	変わり者		▼変わり者				
2	A	2			AB型	AB型以外		
3	A	1		人数				
4	A	3		平均				
5	A	4		標準偏差				
6	A	4		不偏標準偏差				
7	A	3		効果量				
133	O	2						
134	O	3						
135	O	1						
136								

図5.5 血液型・性格.xlsx

> 回答結果は、性格ごとにシートを分け、血液型の順に並べています。たとえば、「ア）整理好き」シートの一番目の人は、血液型がA型で、「整理好きである」については「2 ややあてはまらない」と回答しています。

▼練習

　血液型占いでは、A型は整理好き、B型はマイペース、O型は面倒見が良い、AB型は変わり者とよく言われますが、本当にそうでしょうか。もし、本当にそうならば、たとえばA型の人は、A型以外の人よりも、整理好きの評定の平均が高くなるはずです。ここでは、平均に差があるかを確認しましょう。

① A 型の人、A 型以外の人について、整理好きの人数、平均値、標準偏差、不偏標準偏差、効果量を計算しましょう。効果量からどのようなことが言えるのか考えましょう。

② B 型の人、B 型以外の人について、マイペースの人数、平均値、標準偏差、不偏標準偏差、効果量を計算しましょう。効果量からどのようなことが言えるのか考えましょう。

③ O 型の人、O 型以外の人について、面倒見の人数、平均値、標準偏差、不偏標準偏差、効果量を計算しましょう。効果量からどのようなことが言えるのか考えましょう。

④ AB 型の人、AB 型以外の人について、変わり者の人数、平均値、標準偏差、不偏標準偏差、効果量を計算しましょう。効果量からどのようなことが言えるのか考えましょう。

> ▼HINT
> ①②③④ 平均値、標準偏差の求め方は 122 ページ参照。効果量の求め方は 132 ページ参照。離れている範囲の平均を求めたい場合は、=AVERAGE(B2:B72,B102:B135) のように、「,（カンマ）」で区切って指定する。効果量の意味については 130 ページを参照。

解答例：巻末 202 ページ
解答ファイル：5_練習問題完成.xlsx

関係を見る
―散布図と相関係数の計算―

MENU

6.1　散布図を作ろう
6.2　年齢と客単価の関係を読み取ろう
6.3　相関係数を求めよう

6.1 散布図を作ろう

❖年齢と客単価の散布図を作ろう

　次ページ表6.1は性別ごとに年齢と客単価を入力したものです。性別ごとに年齢の若い順に並べ替えています。この表を使って、図6.1のような年齢と客単価の散布図を作成しましょう。

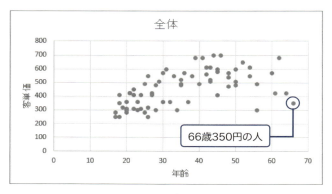

図6.1 　年齢と客単価の散布図（完成図）

 散布図では、X軸とY軸の値で1つのデータがプロットされます。この一つひとつの点が1人分のデータを表しています。

 えーーっと、たとえば、この点は年齢が66歳で、客単価が350円の人ってことね。

　サンプルデータ（第6章サンプルデータ.xlsx）の1枚目のシート「Sheet1」※を開いて、さっそく散布図を作成してみましょう。

※　Sheet1には、表6.1の数値と、これから入力する項目のセルが設けられています。

性別	年齢	客単価	性別	年齢	客単価
男性	17	250	女性	17	280
男性	18	250	女性	18	350
男性	18	410	女性	20	360
男性	19	320	女性	20	310
男性	20	280	女性	21	420
男性	20	300	女性	22	410
男性	21	420	女性	23	360
男性	22	450	女性	24	310
男性	22	310	女性	25	490
男性	23	300	女性	26	550
男性	24	410	女性	27	420
男性	25	280	女性	29	510
男性	26	250	女性	30	360
男性	26	320	女性	31	600
男性	27	410	女性	33	550
男性	28	300	女性	35	520
男性	28	480	女性	35	490
男性	30	570	女性	38	550
男性	32	360	女性	39	680
男性	34	300	女性	40	490
男性	35	480	女性	42	560
男性	36	570	女性	43	610
男性	37	360	女性	43	520
男性	41	680	女性	44	700
男性	42	610	女性	45	580
男性	43	510	女性	45	600
男性	45	410	女性	46	700
男性	48	570	女性	48	470
男性	50	510	女性	48	540
男性	50	480	女性	50	600
男性	52	650	女性	54	550
男性	54	610	女性	56	490
男性	56	300	女性	61	420
男性	60	570	女性	64	420
男性	62	680	女性	66	350

表6.1 性別・年齢と客単価

▶ 散布図を作成する

❶グラフの範囲として B2 セルから C71 セルをドラッグして選択し、［挿入］タブをクリックします。［グラフ］から［散布図（X, Y）またはバブルチャートの挿入］→［散布図］を選択します。

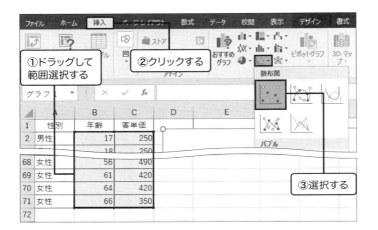

❷散布図が作成されました。［グラフタイトル］をクリックして名前を「全体」に変更します。

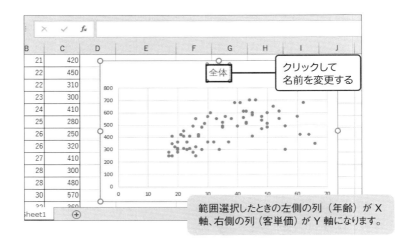

❸ ［グラフ要素］ ＋ をクリックし、［軸ラベル］にチェックマークを付けます。

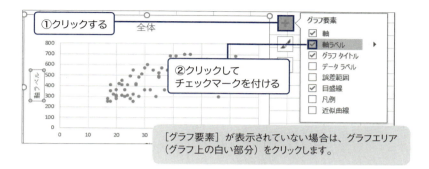

❹ 表示された横軸の［軸ラベル］をクリックして、「年齢」に変更します。同様に縦軸の［軸ラベル］をクリックして、「客単価」に変更します。

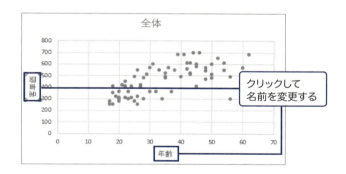

❺ 散布図が完成しました。

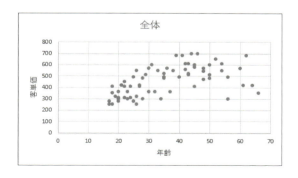

どうだい、僕も散布図が作れるようになったよ。

じゃ、同じ調子で男性と女性それぞれの散布図も作ってみましょう♪

えっ……まだあるの？

さっきは全員のデータを散布図にしましたよね。今度は男性のデータと女性のデータを別々に散布図にします。

　同様の方法で、それぞれの散布図を作成してみましょう。男性のみの散布図はグラフの範囲としてB2セルからC36セル（性別が「男性」のセルのみ）をドラッグして選択、女性のみの散布図はグラフの範囲としてB37セルからC71セル（性別が「女性」のセルのみ）をドラッグして選択するという違いのみです。
　完成図が図6.2と図6.3になります。

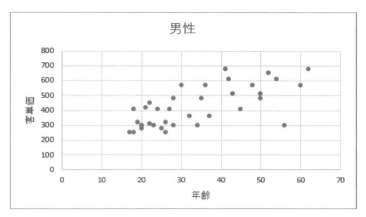

図6.2　男性の年齢と客単価の散布図

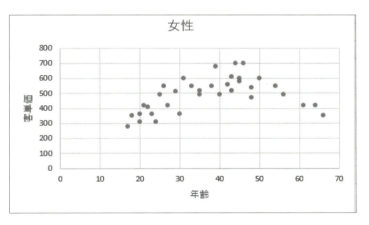

図6.3　女性の年齢と客単価の散布図

6.2 年齢と客単価の関係を読み取ろう

❖散布図から何がわかる?

全体の散布図、男性の散布図、女性の散布図を作ってみたけれど、なーんかそれぞれ違う感じだよね。これってどうやって見ればいいの?

まず、全体の散布図を見てみましょう。40代半ばぐらいまでは右上がりですが、50歳ぐらいから下がっていますね。こんなふうな曲線がなんとなく引けそうです。こういうのを曲線相関と言います。

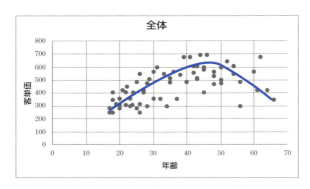

🔵 **図6.4** 🔵 **全体の年齢と客単価の散布図**

男性の散布図を見てみましょう。こちらは全体的には右上がりです。こんな直線が引けそうです。こういうのを直線相関と言います。

ふむふむ、線を引いてみると違いがよくわかるもんだね。

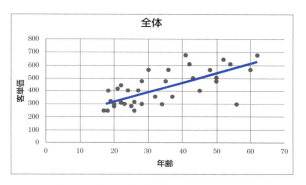
図6.5 男性の年齢と客単価の散布図

相関には、**正の相関**と**負の相関**があります。

正の相関は、右上がりの線が引けます。Xの値が増えると、Yの値も増えるような関係にあります。

負の相関は、右下がりの線が引けます。Xの値が増えると、Yの値が減るような関係にあります。

点がバラバラになっていて線が引けない場合は、相関ゼロです。

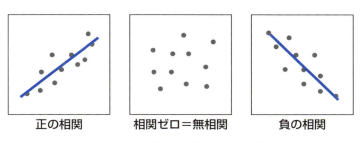
図6.6 正の相関・負の相関

6.3 相関係数を求めよう

❖相関の強さを知ろう

相関の強さは、**相関係数**で表されます。図6.7の散布図の相関係数は、それぞれ1.00、0.80、0.50、0.30、0.10です。

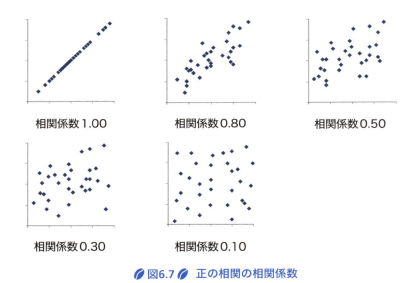

🌰 **図6.7** 🌰 正の相関の相関係数

相関係数が1に近づくほど、点が直線に集まっているね。

はい、相関係数が1に近づくほど、相関が強くなります。これを「強い正の相関」と言います。

逆に相関係数が0に近づくほど、点がばらばらでまとまりがないね。

ええ、それだけ相関が弱いということですね。正の相関の例としては、身長と体重なんかが挙げられますね。一般的に、一方の値が増えるともう一方の値も増えるようなものです。

は〜ん、僕のギャグセンスと女性ファンの多さみたいなもんだね。センスが冴えているときほど目が♡になっていくのがわかるんだよね〜。

(何か聞こえたような気がしたけど無視、無視……) 同じように、相関係数が−1に近づくほど、「強い負の相関」と言えます。

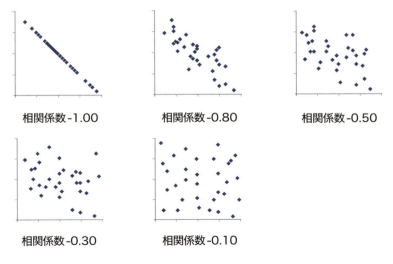

図6.8 負の相関の相関係数

負の相関の例としては、成人の年齢と運動量なんかがわかりやすいです。年齢が高いほど、運動量は低くなりますよね。

ふっ、僕の……。

（さえぎるように）相関係数の大きさにも、効果量のように判断の目安があるんですよ。

相関係数	判断
0.10〜0.30、−0.10〜−0.30	小さい効果量
0.30〜0.50、−0.30〜−0.50	中程度の効果量
0.50〜1.00、−0.50〜−1.00	大きい効果量

🍃 表6.2 🍃 相関係数の判断の目安

　表計算ソフトでは、**CORREL** という関数を使ってこの相関係数を求めることができます。CORREL は correlation（相関）の略です。

CORREL関数を使って、全体、男性、女性、それぞれの年齢と客単価の相関係数を出してみたら、もっと細かいことが見えてくるかもしれません。

……女性は40歳でカクッと変化してるから、ここも分けて考えたほうがよくない？

店長！　するどいですよ！　本当にデータが読めるようになってきたんですねえ……ちょっと感動……。

いや〜スミレ君、僕のことを甘くみてもらっちゃあ困るよ〜（ドヤドヤドヤ）。

　CORREL関数を使って、全体の年齢と客単価の相関係数、男性のみの年齢と客単価の相関係数、女性のみの年齢と客単価の相関係数、さらに40歳以下の女性の年齢と客単価の相関係数、41歳以上の女性の年齢と客単価の相関係数を計算してみましょう。

▶ CORREL 関数を入力する

❶ F2 セルに「=CORREL(B2:B71,C2:C71)」、F3 セルに「=CORREL(B2:B36,C2:C36)」、F4 セルに「=CORREL(B37:B71,C37:C71)」、F5 セルに「=CORREL(B37:B56,C37:C56)」、F6 セルに「=CORREL(B57:B71,C57:C71)」と入力します。そうすると、それぞれの相関係数が計算され、表示されます。

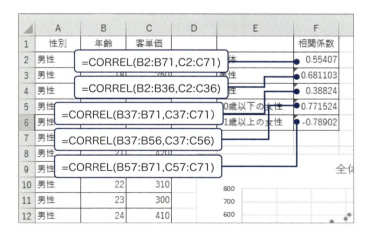

　「= CORREL(B2:B71,C2:C71)」は「B2セルからB71セルと、C2セルからC71セルの相関係数を求めてね」という意味です。

❸計算結果を選択し、［小数点以下の表示桁数を減らす］ボタン を数回クリックして、小数点以下第2位まで表示します。

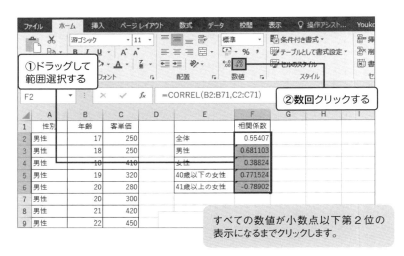

❹計算結果が表示されました。

おっ、全体の相関係数は0.55だね。こりゃ、すごい！

店長、ちょっと待ってください。男性の相関係数は0.68で、女性は0.39ですよ。

女性が低いというのは、なんかガッカリな感じ……。

店長、相関係数だけじゃ判断できないんですよ。散布図も一緒に見ます。男性の散布図は直線相関です。相関係数は0.68で、大きい効果量と言えます。正の相関なので、年齢が高いほど客単価も高いと言えます。

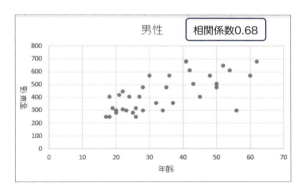
図6.9 男性の年齢と客単価の散布図

ふむふむ、で、女性は？

女性の散布図は曲線相関になっています。40代くらいまでは右上がりですが、それ以降は右下がりです。これだと相関係数は高くなりません。しかし、40歳以下の女性だけを調べると、相関係数は0.77です。

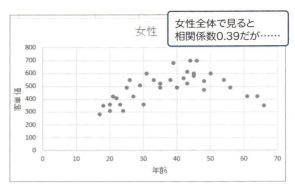

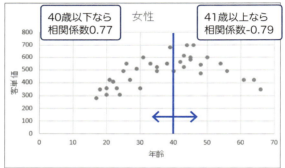

◆ 図6.10 ◆ 女性の年齢と客単価の散布図

おおぉっ、高い！

はい、41歳以上の女性が好きそうなサイドメニューを考えてみてはいかがでしょう？

P O I N T

　2変数の関係を読み取るためには、相関係数が必要です。相関係数はCORREL関数を使用して求められます。

■CORREL関数
相関係数を求める。
形式：CORREL(データ1，データ2)
例　：CORREL(B2:B71,C2:C71)
意味：「B2セルからB71セルと、C2セルからC71セルの相関係数を求めてね」

▼CHECK！

　この章で学んだ内容です。あなたの自信度を3段階（1.自信ない、2.やや自信あり、3.自信あり）でチェックしてみましょう。

・散布図を描くことができる
　　……………………………………………………………… 1　　2　　3
・表計算ソフトで相関係数を計算できる
　　……………………………………………………………… 1　　2　　3
・相関係数の意味がわかる
　　……………………………………………………………… 1　　2　　3
・散布図と相関係数からデータを分析できる
　　……………………………………………………………… 1　　2　　3

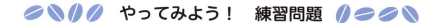
やってみよう！　練習問題

▼本章で使用するデータ：6_身長・足の大きさ.xlsx

18歳から69歳までの男女134人に以下の質問を行いました。
・あなたの性別をお答えください　　　　　　　（男・女）
・身長をお答えください　　　　　　　　　　（　　　）cm
・足の大きさをお答えください　　　　　　　（　　　）cm

	A	B	C	D	E	F	G
1	性別	身長	足の大きさ			相関係数	人数
2	女	166	25.5		全体	0.88	134
3	女	159	23.5		男性	0.79	58
4	女	162	23.5		女性	0.54	76
5	女	158	24.5				
6	女	160	24				
7	女	158	23.5				
131	男	168	24.5				
132	男	175	26.5				
133	男	185	28.5				
134	男	178	26.5				
135	男	166	26				
136							

● 図6.11 ● 6_身長・足の大きさ.xlsx

回答結果は、性別の順に並べています。

▼練習

①全134人について、B列「身長」とC列「足の大きさ」の散布図を作成し、相関係数を計算しましょう。散布図と相関係数からどのようなことが言えるか考えましょう。散布図は、縦軸（足の大きさの範囲）は20〜32cm、横軸（身長の大きさの範囲）は140〜200cmに設定します。

②男性 58 人について、B 列「身長」と C 列「足の大きさ」の散布図を作成し、相関係数を計算しましょう。散布図と相関係数からどのようなことが言えるか考えましょう。散布図は、縦軸（足の大きさの範囲）は 20 〜 32cm、横軸（身長の大きさの範囲）は 140 〜 200cm に設定します。

③女性 76 人について、B 列「身長」と C 列「足の大きさ」の散布図を作成し、相関係数を計算しましょう。散布図と相関係数からどのようなことが言えるか考えましょう。散布図は、縦軸（足の大きさの範囲）は 20 〜 32cm、横軸（身長の大きさの範囲）は 140 〜 200cm に設定します。

> ▼HINT
> ①②③散布図の作り方は 146 ページを参照。なお、縦軸・横軸の最小値、最大値を設定するには、グラフの軸上で右クリックし［軸の書式設定］を選択すれば［軸のオプション］から最小値、最大値の設定が可能になる。相関係数の求め方は 155 ページを参照。

解答例：巻末 203 ページ
解答ファイル：6_練習問題完成 .xlsx

第7章

変化を見る
―時系列グラフと検定、効果量の復習―

MENU

7.1 客数の変化を見てみよう
7.2 客単価の変化を見てみよう

7.1 客数の変化を見てみよう

❖時系列の変化をグラフで示そう

　表7.1は、クーポンの配付期間前、配付期間中、配付期間終了後のそれぞれの客単価です。この表を使って、クーポンの配付期間前、期間中、期間終了後における客数の変化を見てみましょう。

配付期間前

客連番	客単価
1	1120
2	560
3	580
4	540
5	720
6	440
7	580
8	670
9	650
10	220
11	750
12	730
13	560
14	860
15	880
16	560
17	320
18	280
19	600
20	620
21	800

配付期間中

客連番	客単価
1	720
2	560
3	580
4	670
5	650
6	350
7	850
8	830
9	560
10	860
11	850
12	730
13	660
14	860
15	980
16	580
17	770
18	650
19	320
20	1020
21	730

配付期間後

客連番	客単価
1	560
2	860
3	830
4	560
5	860
6	850
7	730
8	660
9	860
10	980
11	580
12	770
13	650
14	320
15	880
16	580
17	670
18	650
19	320
20	750
21	730

（次ページへ続く）

配付期間前	
客連番	客単価
22	220
23	400
24	580
25	560
26	580
27	220
28	420
29	560
30	320

配付期間中	
客連番	客単価
22	660
23	860
24	680
25	660
26	580
27	670
28	650
29	480
30	750
31	830
32	560
33	860
34	560
35	420
36	380
37	600
38	620
39	800
40	700
41	860
42	650
43	730
44	440
45	860
46	350
47	680
48	770
49	650
50	980
51	750

配付期間後	
客連番	客単価
22	560
23	700
24	580
25	560
26	440
27	670
28	450
29	220
30	600
31	560
32	700
33	860
34	620

●表7.1● クーポンの配布による客数の変化

サンプルデータ（第7章サンプルデータ.xlsx）の1枚目のシート「Sheet1」※を開いてください。

※ Sheet1には、表7.1の数値と、これから入力する項目のセルが設けられています。

▶ 配付期間前、期間中、期間終了後の客数変化を求める

❶ K3セルに「＝COUNT(A3:A32)」、L3セルに「＝COUNT(D3:D53)」、M3セルに「＝COUNT(G3:G36)」と入力すると、計算結果が表示されます。

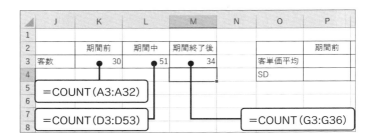

「＝COUNT(A3:A32)」は「A3セルからA32セルの中で、数値が含まれるセルの個数を求めてね」という意味です。

次に、客数の変化をグラフで確認しましょう。配付期間前、期間中、期間終了後のように、時系列のデータの変化を見たいときは折れ線グラフを利用します。

❷ J2セルからM3セルをドラッグして選択し、[挿入]タブをクリックします。

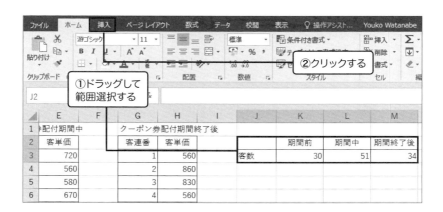

❸ ［グラフ］から［折れ線／面グラフの挿入］ → ［マーカー付き折れ線］を選択します。

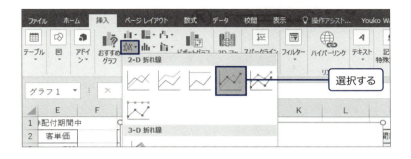

❹ グラフが表示されました。［グラフ要素］ をクリックし、［軸ラベル］にチェックマークを付けます。

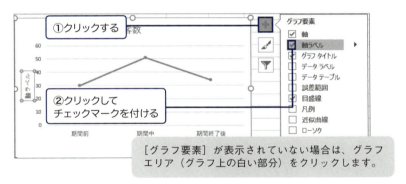

［グラフ要素］が表示されていない場合は、グラフエリア（グラフ上の白い部分）をクリックします。

❺ 縦軸の［軸ラベル］をクリックして、「人」に変更します。横軸の［軸ラベル］は削除します。

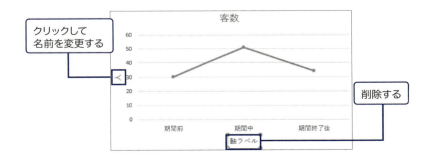

❻ グラフが完成しました。

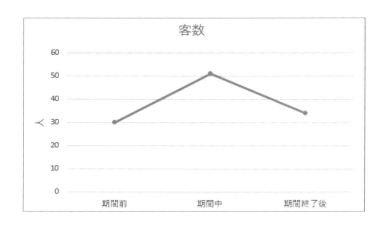

クーポンの配付期間中は客数が増えていますが、配付をやめたら客数は減っていますね。

そうなんだよねぇ……。

でも、それは当然ですよ。大事なのは配布後です。配付前よりも配布後にお客さんが増えていればいいんですよ。

うーーん、配付前が30人で、配布後が34人だよ。増えてはいるんだけどねぇ。

もう少し詳しく調べてみましょうか。

❖直接確率検定を使って人数の違いを調べよう

以前、男性客数と女性客数に違いがあるかどうかを調べたことがあったでしょ？（第4章参照）

そうそう、この僕のあふれ出る魅力で女性客が多いに違いないと思っていたけれど、なんとか検定で調べたら違いがなかったってやつね。直感検定だっけ？

直接確率検定です！

　配付期間前、期間中、期間終了後の人数に違いがあるのかどうかを調べたいときも、直接確率検定を使うことができます（第4章参照）。Webの統計ソフト「js-STAR※」を使って調べてみましょう。110ページの方法にしたがって、js-STAR2012の画面を表示してください。

▶ 直接確率検定を行う

❶左側のメニューから［1×2表（正確二項検定）］を選択します。

※　URL：http://www.kisnet.or.jp/nappa/software/star/

❷ 右側に分析用の画面が表示されます。観測値1に期間前の客数「30」、観測値2に期間中の客数「51」を入力し、[計算！]ボタンをクリックします。

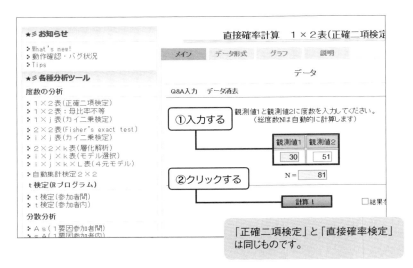

❸ 計算結果が表示されます。

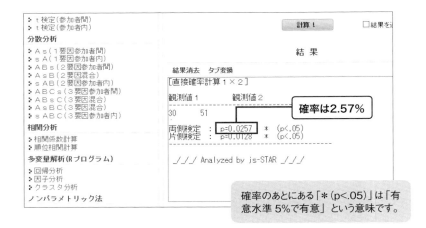

❹ 同様に、観測値１に期間前の客数「30」、観測値２に期間後の客数「34」を入力し、[計算！]ボタンをクリックします。

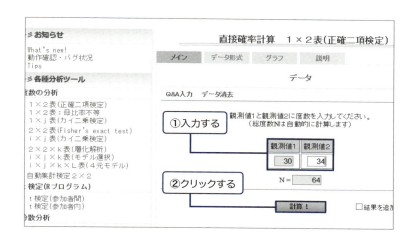

❺ 計算結果が表示されます。

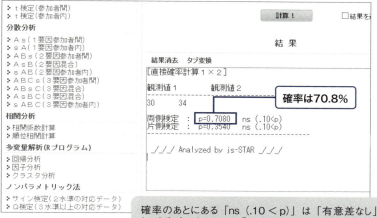

確率のあとにある「ns（.10＜p）」は「有意差なし」という意味です。ns は「no significant difference」の略です。

直接確率検定により、期間前の客数「30」と期間中の客数「51」は、有意水準5%で有意差があることが示されました。しかし、期間前の客数「30」と期間後の客数「34」には有意な差がないことが示されました。

 クーポンの配付期間中は、期間前よりも客数が有意に増えていますが……。

 期間前の客数と期間後の客数には有意な違いはないってことね……とほほ〜。

 まあまあ、店長。客単価は増えているかもしれませんよ。もう少し調べてみましょうよ！

7.2 客単価の変化を見てみよう

❖客単価の平均と標準偏差を求めよう

▶ 配布期間前、期間中、期間終了後の客単価の平均と標準偏差を求める

❶ P3セルに「＝AVERAGE（B3:B32）」、Q3セルに「＝AVERAGE（E3:E53）」、R3セルに「＝AVERAGE（H3:H36）」と入力します。

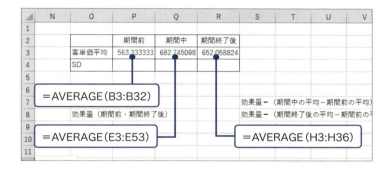

❷ P4セルに「＝STDEV.P（B3:B32）」、Q4セルに「＝STDEV.P（E3:E53）」、R4セルに「＝STDEV.P（H3:H36）」と入力します。

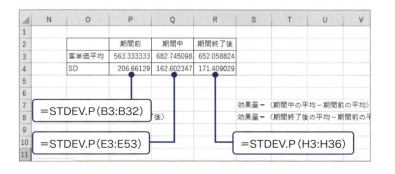

「= AVERAGE(B3:B32)」は「B3セルからB32セルの数値の平均を求めてね」、「= STDEV.P(B3:B32)」は「B3セルからB32セルの数値の標準偏差を求めてね」という意味です。結果が表示されたら、小数点の位置を調整します。

❸計算結果を選択し、[小数点以下の表示桁数を減らす]ボタンを数回クリックして、小数点以下第2位まで表します。

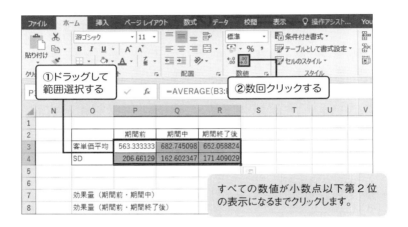

❹結果が表示されました。

❖平均の変化を折れ線グラフで確認しよう

▶ 変化を示す折れ線グラフを作る

❶ O2 セルから R3 セルをドラッグして選択し、[挿入] タブをクリックします。

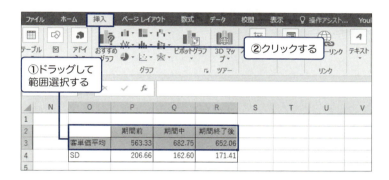

❷ [グラフ] から [折れ線/面グラフの挿入] → [マーカー付き折れ線] を選択します。

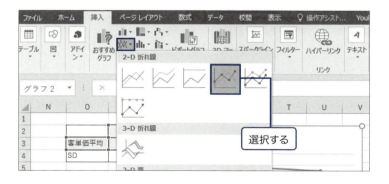

❸ グラフが表示されました。［グラフ要素］＋をクリックし、「軸ラベル」にチェックマークを付けます。

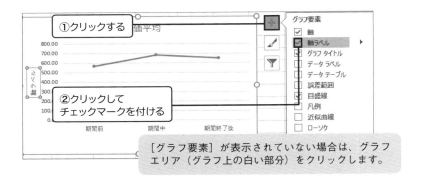

［グラフ要素］が表示されていない場合は、グラフエリア（グラフ上の白い部分）をクリックします。

❹ 縦軸の「軸ラベル」をクリックして、「円」に変更します。横軸の「軸ラベル」は削除します。

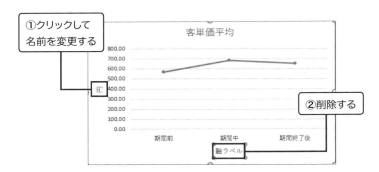

❺ グラフが完成しました。

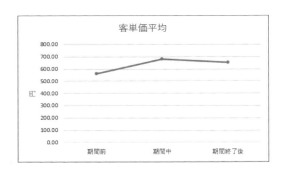

客単価の平均の変化も客数と同じだね。期間前より期間中は大きくなっていて、期間後は小さくなっている……。

でも、客数に比べると、客単価の平均はそれほど小さくなっていませんよ。少し期待できるかも！

ホント!? じゃあ、さっきみたいに直接確率検定で調べてみようよ！

人数に違いがあるかどうかは直接確率検定で調べられますが、客単価の平均に違いがあるかどうかは直接確率検定では調べられませんよ。

あれ、そうだっけ？

❖効果量を使って平均に違いがあるのかを調べよう

2つの群の平均に違いがあるかどうかは、効果量を使って調べることができます（第5章参照）。

以前、効果量を使って、男性と女性の品物点数の平均に違いがあるかどうかを調べたことがあったでしょ？

そうそう、男性と女性の品物点数の平均だけ見るとたいした違いはなさそうだったけれど、効果量では大きな違いがあったっけ。

そうです。あのときは、男性群と女性群の平均を比べましたが、今回は期間前と期間中、期間前と期間終了後の平均をそれぞれ比較します。

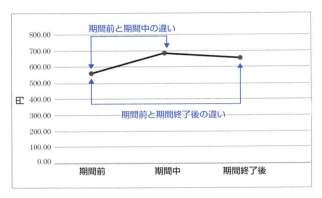

図7.1 それぞれの平均を比較する

　第5章では、「GlassのΔ（デルタ）」を使って効果量を求めました。ここでも「GlassのΔ（デルタ）」を使いましょう。

$$\text{Glass の } \Delta = \frac{\text{実験群の平均 − 統制群の平均}}{\text{統制群の不偏標準偏差}}$$

　今回は、配付期間前に比べて期間中はどうだったのか、期間終了後はどうだったのかを調べたいので、配付期間前が統制群、期間中、期間終了後が実験群になります。

$$\text{Glass の } \Delta = \frac{\text{期間中の平均 − 期間前の平均}}{\text{期間前の不偏標準偏差}}$$

$$\text{Glass の } \Delta = \frac{\text{期間終了後の平均 − 期間前の平均}}{\text{期間前の不偏標準偏差}}$$

この計算式を使って、表計算ソフトで計算してみましょう。

▶ **効果量を求める**

❶ R7セルに「=(Q3−P3)／STDEV.S(B3:B32)」、R8セルに「=(R3−P3)／STDEV.S(B3:B32)」と入力すると、計算結果が表示されます。小数点以下2桁の数字にします。

	期間前	期間中	期間終了後
客単価平均	563.33	682.75	652.06
SD	206.66	162.60	171.41

=(Q3−P3)／STDEV.S(B3:B32)

効果量（期間前・期間中） 0.57 効果量＝（期間中
効果量（期間前・期間終了後） 0.42 効果量＝（期間終

=(R3−P3)／STDEV.S(B3:B32)

ふむ、期間前と期間中の効果量が0.57、期間前と期間終了後の効果量が0.42なんだね。

表7.1の目安に照らし合わせると、どちらも中程度の効果量ですね。

効果量	判断
0〜0.15	無視できる効果量
0.15〜0.40	小さい効果量
0.40〜0.75	中程度の効果量
0.75〜1.10	大きい効果量
1.10〜	非常に大きい効果量

表7.1 効果量の判断の目安

つまり、クーポンの配付期間前に比べたら、期間中も期間終了後も客単価は上がっているってこと？

そうですね！

とすると、クーポンの配付前に比べて、配布後は客数は変わっていないけれど、客単価は上がったってことだね。おおおぉ、クーポン配ったかいがあったよ〜〜。

P O I N T

　時系列のデータの変化を知りたいときは、データの種類によって作業の流れが変わります。

■時系列のデータの変化を知りたい

・人数などの度数の場合
①各群の度数を計算する。
②度数の変化を折れ線グラフで表現する。
③各群の度数に違いがあるかどうかをjs-STARなどの統計ソフトを使って調べる。

・客単価などの平均の場合
①各群の平均と標準偏差を計算する。
②平均の変化を折れ線グラフで表現する。
③各群の平均に違いがあるかどうかを効果量を使って調べる。

▼CHECK！

　この章で学んだ内容です。あなたの自信度を3段階（1.自信ない、2.やや自信あり、3.自信あり）でチェックしてみましょう。

・時系列のデータの変化を折れ線グラフで表現できる
　　　　　　　　　　　　　　　　　　　　　　　　　1　2　3
・度数に違いがあるかどうかを調べることができる
　　　　　　　　　　　　　　　　　　　　　　　　　1　2　3
・平均に違いがあるかどうかを調べることができる
　　　　　　　　　　　　　　　　　　　　　　　　　1　2　3

やってみよう！　練習問題

▼本章で使用するデータ：7_年齢・性格.xlsx

　18歳から69歳までの男女134人（既婚・未婚を含む）に以下の質問を行いました。

・あなたの年齢をお答えください　　　　　　　　　　　　（　　　）歳
・自分自身の性格を5段階（1 まったくあてはまらない・2 ややあてはまらない・3 どちらともいえない・4 ややあてはまる・5 まったくあてはまる）で評定してください

　　ア）整理好きである　　　　　イ）マイペースである
　　ウ）面倒見が良い　　　　　　エ）変わり者である

ア）整理好き

	A	B	C	D	E	F	G	H
1	年齢	整理好き		▼整理好き				
2	18	2			39歳以下（53人）	40歳以上（81人）		
3	18	3		平均				
4	18	4		標準偏差				
5	18	5		不偏標準偏差				
6	18	3		効果量				
7	18	3						
133	65	4						
134	65	5						
135	69	4						
136								

イ）マイペース

	A	B	C	D	E	F	G	H
1	年齢	マイペース		▼マイペース				
2	18	5			39歳以下（53人）	40歳以上（81人）		
3	18	5		平均				
4	18	3		標準偏差				
5	18	3		不偏標準偏差				
6	18	5		効果量				
7	18	3						
133	65	4						
134	65	5						
135	69	1						
136								

ウ）面倒見が良い

	A	B	C	D	E	F	G	H
1	年齢	面倒見がよい		▼面倒見				
2	18	5			39歳以下（53人）	40歳以上（81人）		
3	18	2		平均				
4	18	3		標準偏差				
5	18	4		不偏標準偏差				
6	18	2		効果量				
7	18	4						
133	65	3						
134	65	5						
135	69	5						
136								

エ）変わり者

	A	B	C	D	E	F	G	H
1	年齢	変わり者		▼変わり者				
2	18	5			39歳以下（53人）	40歳以上（81人）		
3	18	2		平均				
4	18	3		標準偏差				
5	18	1		不偏標準偏差				
6	18	5		効果量				
7	18	2						
133	65	4						
134	65	5						
135	69	1						
136								

図7.2　血液型・性格.xlsx

> 回答結果は、性格ごとにシートを分け、年齢の順にデータを並べています。たとえば、「ア）整理好き」シートの一番目の人は、18歳で、「整理好きである」については「2 ややあてはまらない」と回答しています。

▼練習

年齢によって性格に違いはあるのでしょうか。ここでは、39歳以下の群と40歳以上の群に分けて、性格の評定の平均に差があるかを確認しましょう。

① 39歳以下の群、40歳以上の群について、整理好きの平均値、標準偏差、不偏標準偏差、効果量を計算しましょう。効果量は39歳以下の群を統

制群として計算しましょう。また、各群の平均を棒グラフにしましょう。計算結果や棒グラフからどのようなことが言えるのか考えましょう。

②マイペース、面倒見、変わり者についても、①と同様に調べてみましょう。

> **▼HINT**
> ①②平均値、標準偏差の求め方は 177 ページ参照。効果量の求め方は 181 ページ参照。性格の棒グラフは最小値が 1、最大値が 5 になる。これは、アンケートの選択肢の最小値が 1、最大値が 5 だからである。棒グラフの作成方法は 126 ページ参照。

解答例：巻末204ページ
解答ファイル：7_練習問題完成.xlsx

やってみよう！ 練習問題 / 189

第7章 変化を見る ──時系列グラフと検定、効果量の復習──

 **解答と解説**

第2章：解答例

①人数は0人、すなわち子どもがいない人が最も多い。子どもがいる中では、2人が最も多い（下図：子どもの人数の度数分布表、ヒストグラム）。

	度数
0	72
1	21
2	32
3	9
合計	134

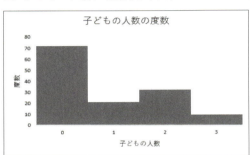

②身長はひと山の分布で、160cm以上170cm未満が最も多い（下図：身長の度数分布表、ヒストグラム）。

身長下限(以上)	身長上限(未満)	度数
140	150	1
150	160	42
160	170	51
170	180	31
180	190	8
190	200	1
	合計	134

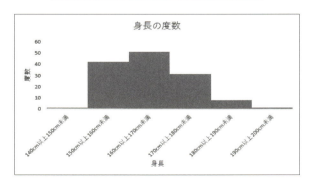

第3章：解答例

① B列「子どもの人数」の平均 0.84、分散 1.02、標準偏差 1.01
② C列「身長」の平均 164.95、分散 78.29、標準偏差 8.85
③ 子どもの人数は 0 から 1.84 の間に 93 人（全体 69.40%）が分布している[※]（下図：子どもの人数のヒストグラム）。

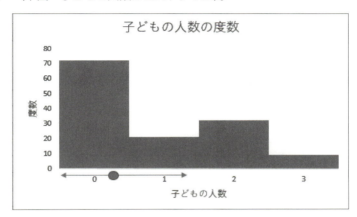

④ 身長は 156.10 から 173.80 の間に 89 人（全体の 66.42%）が分布している（下図：身長のヒストグラム）。

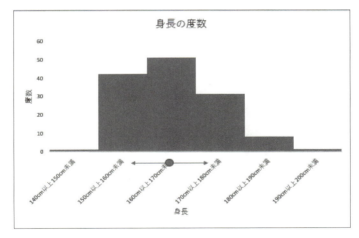

[※] 子どもの人数の「平均−1SD」は−0.17ですが、マイナスはありえないので、「0から1.84の間に93人（全体69.40%）が分布している」と記述しています。

第4章：解答例

①子どもが1人いる人は21人、そのうち女は12人（57.14%）、男は9人（42.86%）である。

②子どもが2人以上いる人は41人、そのうち第1子が女である人は21人（51.22%）、男は20人（48.78%）である。

③子どもが2人以上いる人は41人、そのうち第2子が女である人は18人（43.90%）、男は23人（56.10%）である。

④女12人と男9人について直接確率検定を行った結果、確率は0.66であった。有意水準5%より大きいので、男女の度数に有意な違いはない。

⑤女21人と男20人について直接確率検定を行った結果、確率は1.00であった。有意水準5%より大きいので、男女の度数に有意な違いはない。

⑥女18人と男23人について直接確率検定を行った結果、確率は0.53であった。有意水準5%より大きいので、男女の度数に有意な違いはない。

第5章：解答例

①A型・A型以外の整理好きについて

効果量は0.08なので、無視できる効果量である。したがって、A型とA型以外では、整理好きの平均値に差があるとは言えない。A型だからと言って、A型以外の人よりも整理好きとは言えないと考えられる。

②B型・B型以外のマイペースについて

効果量は0.30なので、小さい効果量である。したがって、B型とB型以外では、マイペースの平均値の差は小さいと言える。B型だからと言って、B型以外の人よりもマイペースであるとは必ずしも言えないと考えられる。

③O型・O型以外の面倒見の良さについて

効果量は0.26なので、小さい効果量である。したがって、O型とO型以外では、面倒見の良さの平均値の差は小さいと言える。O型だからと言って、O型以外の人よりも面倒見が良いとは必ずしも言えないと考えられる。

④ AB 型・AB 型以外の変わり者について

効果量は 0.42 なので、中程度の効果量である。したがって、AB 型と AB 型以外では、変わり者の平均値の差は中程度と言える。AB 型は、AB 型以外の人よりも自分を変わり者と考えていることが示唆された。

第 6 章：解答例

① アンケート回答者 134 人の身長と足の大きさの相関係数は 0.88 である。これは大きい効果量であり、身長と足の大きさは正の相関があると言える（下図：全体の相関図）。

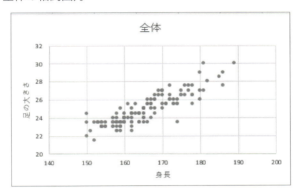

② 男性 58 人の身長と足の大きさの相関係数は 0.78 である。これは大きい効果量であり、男性の身長と足の大きさは正の相関があると言える（下図：男性の相関図）。

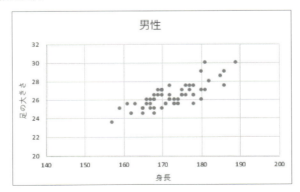

③女性 76 人の身長と足の大きさの相関係数は 0.55 である。これは大きい効果量であり、女性の身長と足の大きさは正の相関があると言える（下図：全体の相関図）。

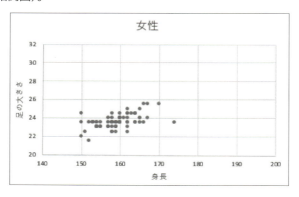

第 7 章：解答例

① 39 歳以下群・40 歳以上群の整理好きについて

効果量は 0.03 なので、無視できる効果量である。したがって、39 歳以下群と 40 歳以上群では、整理好きの平均値に差があるとは言えない。年齢によって、整理好きかどうかに違いはないと考えられる。

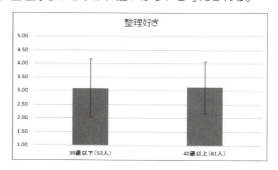

② 39 歳以下群・40 歳以上群のマイペースについて

効果量は 0.72 なので、中程度の効果量である。したがって、39 歳以下群と 40 歳以上群では、マイペースの平均値の差は中程度と言える。棒グラフより、39 歳以下は 40 歳以上よりもややマイペースであると考えられる。

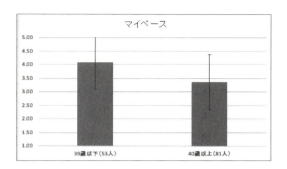

③ 39 歳以下群・40 歳以上群の面倒見の良さについて

効果量は 0.57 なので、中程度の効果量である。したがって、39 歳以下群と 40 歳以上群では、面倒見の良さの平均値の差は中程度と言える。棒グラフより、40 歳以上は 39 歳以下よりもやや面倒見が良いと考えられる。

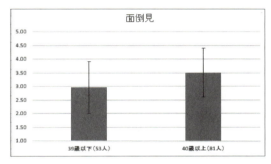

④ 39 歳以下群・40 歳以上群の変わり者について

効果量は 0.29 なので、小さい効果量である。したがって、39 歳以下群と 40 歳以上群では、変わり者の平均値の差は小さいと言える。年齢によって、変わり者かどうかに違いはほとんどないと考えられる。

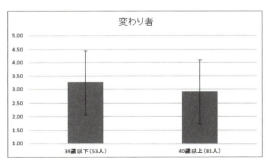

索引

英字

AVERAGE ——— 78
CORREL ——— 154
COUNT ——— 38
COUNTIF ——— 43
COUNTIFS ——— 49
js-STAR ——— 110,173
MAX ——— 38
Microsoft Excel 2016 ——— 18
MIN ——— 38
MAX ——— 38
STDEV.P ——— 85
STDEV.S ——— 132
VAR.P ——— 78

カ行

曲線相関 ——— 150
検定 ——— 104
効果量 ——— 130

サ行

散布図 ——— 144
正規分布 ——— 84
正の相関 ——— 151
セル ——— 18
絶対参照 ——— 45
相関係数 ——— 152

タ行

直接確率検定 ——— 111,173
直線相関 ——— 150
度数 ——— 35
度数分布表 ——— 35

ハ行

引数 ——— 38
ヒストグラム ——— 55
表計算ソフト ——— 18
標準偏差 ——— 83
標本(sample) ——— 34
負の相関 ——— 151
不偏標準偏差 ——— 132
分散 ——— 76
変数(variable) ——— 34

ヤ・ラ行

有意な違い ——— 105
離散データ ——— 36
連続データ ——— 36